not only passion

更敦群培熱愛藝術與繪畫，此為他所畫的佛像圖。（溫普林提供）

更敦群培筆下的女神圖。（溫普林提供）

dala sex 001

西藏慾經

Tibetan Arts of Love

原作
更敦群培 Gedün Chöpel
譯注
傑佛瑞·霍普金斯 Jeffrey Hopkins
宇妥·多杰玉珍 Dorje Yudon Yuthok
中譯 **陳琴富**

not only passion

大辣

dala sex 001

西藏慾經
Tibetan Arts of Love

原作：更敦群培(Gedün Chöpel)

譯注：傑佛瑞・霍普金斯(Jeffrey Hopkins)
　　　宇妥・多杰玉珍(Dorje Yudon Yuthok)

中譯：陳琴富

責任編輯：鄭詠中、呂靜芬

校對：Jewel、呂靜芬

企宣：吳幸雯

美術設計：楊啓巽工作室

封面繪圖：陳弘耀

法律顧問：全理法律事務所董安丹律師

出版：大辣出版股份有限公司
　　　台北市105南京東路四段25號11樓
　　　www.dalapub.com
　　　Tel: (02)2718-2698　Fax: (02)2514-8670
　　　service@dalapub.com

發行：大塊文化出版股份有限公司
　　　台北市105南京東路四段25號11號
　　　www.locuspublishing.com
　　　Tel:(02)87123898　Fax:(02)87123897
　　　讀者服務專線：0800-006689
　　　郵撥帳號：18955675
　　　戶名：大塊文化出版股份有限公司
　　　locus@locuspublishing.com

總經銷：大和書報圖書股份有限公司
地址：台北縣五股工業區五工五路2號
TEL：(02) 89902588 89902568　　FAX：(02) 22901658

製版：源耕印刷事業有限公司

初版一刷：2003年3月
初版26刷：2017年12月
定價：新台幣280元

Printed in Taiwan
ISBN 957-28449-0-3

目錄

第一部　西藏慾經

論《西藏慾經》

第二部

喜樂和諧

中文版序

傑佛瑞・霍普金斯

　　1999 年，在我第五度前往西藏的途中，我第一次到台灣來。在台灣，我發現友善的人們、美味的食物、繁榮的經濟，以及最重要的，一個完全民主化的社會。由於宗教自由，禪修十分興盛，我意外的發現一些寺院，有我要的關於藏傳佛教的資源。

　　因此，1999 年，我留在台灣，之後因為往返頻繁，台北可說是我的第二個家。

　　《西藏慾經》（*Tibetan Arts of Love*）要在台灣出版，我尤其高興。

　　第一部分，是更敦群培的《西藏慾經》原著，他被視

爲二十世紀西藏一流的知識份子，身爲受認證的轉世喇嘛，也是一位佛教哲學家、歷史家、詩人、藝術家、旅遊作家、民族主義者。更敦群培旅遊到印度，他在那兒學習梵文，研讀了至少八本有關情慾的原文著作，包括《愛經》（*Kama Sutra*）。

他對於情慾藝術的詮釋，較之印度的情色巨著更能喚起共鳴，且爲一般人所接受。他給予讀者能引發愉悅的建議以迴避禁忌，詳述性藝術的細節，引導如何運用性愉悅提昇心靈的洞察力，並解釋如何增強女性的性快感。以一種相互支持的、倫理的愛爲基礎，他生動的敍述了女性與男性的平等，以及女性在社會習俗和禮敎法規下的犧牲。

他的書清晰的呈現了六十四種情慾藝術的細節，分成八類的性愛遊戲——擁抱、親吻、捏與抓、咬、來回移動與抽送、春情之聲、角色轉換、交歡的姿勢。其形而上的焦點是：性喜樂是通往根本自性的一道心靈經驗之門。如無雲晴空的根本淨光遍滿在情慾動作的刺激性描述中。

第二部分是我對於更敦群培交織陳述的主題所做的分析。首先我細數他不凡的生平，並描述他所參考的印度和西藏的資料來源，接著，把散佈在全書的材料串在一起，我歸納了六個主題：

· 女性的平等
· 肉體歡愉和心靈內觀

- 愛的倫理
- 提升女性快感的技巧
- 懷孕的忠告
- 人與性的分類綱要

　　我也詳細敘述了無上瑜伽的哲學，這是在西藏最深奧的佛法。在那個系統中，一個大樂狂喜的心──根本淨光，可以用來了悟實相的究竟本質。

　　高度訓練的修行人可以運用性來消融粗糙的心識，讓細微層次的心識，尤其是根本淨光顯現出來，在那個點上，它的力量可以深化，進而了悟實相。

　　我並不主張那些還未在慈悲與智慧層次上有高度開展的人透過性運用細微的心識，因為他們還沒有了悟空性，無法在性喜樂時，粗糙心識的強烈退卻下，對心有所掌握。我的目標毋寧是指出，在我們不同層次的心識和情緒之間，它們是可能和諧的，而且我建議，在性行為時，如果能關注心的本質是有助益的。

　　我們不必誤把普通的性行為當作是宗教靈修，但如同所有的精神狀態，在如此激情的行為下，藉著觀照我們的心，還是會有幫助的。我們也可以避免把認知和情緒分割，而將情緒投射在別人身上，掉入一個必然的困境中。

　　我希望這本易讀、有趣、具啟發性的中文譯本，它展現性的互相享樂以及內觀的可能情況，能夠為更多家庭帶

來喜樂與和諧。

我們也都能從更敦群培身上，學到在世出世間的造作中遊戲人間，因為開啓宗教態度的根本特質，例如愛和慈悲，就在家庭中。

（Jeffrey Hopkins，《西藏慾經》英文版譯注，美國藏學專家。）

大樂與空性

譯者序

陳琴富

　　雖然藏傳佛教在台灣很風行，信眾也不少，但是眞正理解「空性與大樂」雙運修法眞義者並不多。事實上，在藏傳佛敎中，這幾乎已成爲不傳之祕，因爲夠資格傳法的上師和夠資格修法的弟子沒幾人。遺憾的是，這麼嚴謹的無上瑜伽法敎，卻被浮濫的流佈於世，雙運尊的唐卡和鎏金佛像隨處可見。

　　在南傳和漢傳的佛敎傳統是嚴格禁止和異性發生性關係的，這是根本戒律之一。藏傳佛敎的忿怒尊還容易理解，但是雙運尊卻啓人疑竇，表面上看來，它不但破了戒行而且驚世駭俗。這也是幾世紀以來，南傳和漢傳視藏傳爲外

道的原因。直到今天，還有許多漢傳寺院禁止流傳藏傳的典籍，更別說是修他們的法了。

在今天的社會有一個非常不好的現象，就是許多外道假借藏傳佛教的名相，完全沒有實修的理論和基礎，以改運或是醫病爲由，假託雙修的名相行騙色之實，街巷之間的神壇宮廟常見這種事情發生。甚至許多完全沒有傳承卻自稱活佛者，寺廟和名氣都很大，也假借提昇女弟子的證量搞騙色的把戲。

然而市面上卻看不到一本有關雙運的經典或是論述，也就是說，並沒有明確的談到一定要透過男女的性結合才可以產生大樂。包括一些仁波切的開示，也多提到以觀想明妃的方式引發四喜。

在實修上，雙運的修法到底是透過觀想還是實際的性行爲，一般並不清楚。而修行到什麼程度才夠資格修習雙運，也泰半語焉不詳。然而這正是藏傳佛教之所以稱爲密教，以及它被外道利用的原因。

更敦群培這個名字在台灣是首見，一方面是因爲在藏地，他就是一個離經叛道的僧人；二方面是因爲台灣並沒對藏族文化進行有系統的研究，這樣一位行儀亦僧亦俗的喇嘛自然容易受到忽略。然而，他不僅是一位出家喇嘛，也是文學家、史學家、藝術家、語言學家，對於政治也不避諱，還因參與政治活動進過監牢。

這樣一位喇嘛爲何會如此有次第的寫一本有關男女性

愛的經典？如果知道他也曾寫過一些深奧的佛教論述，諸如《龍樹中論奧義疏》、《唯識宗廣論》、《行蘊辨析》、《無我問難》、《自性定論》，以及將藏文的《入行論》、《釋量論》譯成英文，就應該知道他寫《西藏慾經》是有深義的。

在藏傳佛教的加行修法中，法本經常會提到「空樂不二」，沒有修到無上瑜伽部可能就完全無法體會，就像南傳和漢傳提到初禪到三禪的喜樂境，一般初學者是很難想像的。

在藏傳的「普賢王如來七支佛事供養法」中，在「廣修供養」一節，法本中提到「窈窕驚艷明妃我供養，善巧和合六十四愛技；報信天女雜沓多輕盈，或為田生咒生與俱生。」此處六十四愛技正是更敦群培在《西藏慾經》中所揭示的六十四種性愛技巧，主要是源於印度的《愛經》。

或許是因「空樂不二」奧義的無法宣說，或許是出於一種無緣度眾的悲願，更敦群培以最特異的行徑遊戲人間，也留下他對於無上瑜伽體悟的見證，寫下了《西藏慾經》。書中完全沒有談到修行或是無上瑜伽，只有在傑佛瑞・霍普金斯的英譯本中才加以演繹。

撇開修行，純粹以一本性愛的書來讀它，仍然可以看出更敦群培細膩的一面，以及他對待女性那種無分別心的情懷。在那個時代、在那個環境，寫那樣的書，無疑是開風氣之先。全書的結構完整有序，內容由淺到深，沒有掩藏矯飾，即使在今天這麼開放的年代，讀起來仍有它殊勝

可嘆之處。

　　個人對於佛教全無實修基礎，對於藏傳佛教更是毫無
所知，而且從來沒有想過會翻譯一本有關性愛技巧的書，
翻譯這本書只能說是一種特殊的因緣。

　　願大家喜樂無量，身心自在。

關於作者

更敦群培

離經叛道的先驅

　　更敦群培於 1905 年生於西藏東北安多省熱貢的雙朋西村（中國不將安多劃歸西藏自治區，在他們重劃的地圖上屬於青海省黃南藏族自治州同仁縣），俗名仁津南嘉。他的父親阿拉嘉布是藏傳佛教寧瑪派（注 1）的瑜伽居士，教他讀、寫、拼音、文法、詩和許多寧瑪派的儀軌。父親在他七歲的時候逝世，家產被貪婪的叔叔騙走。

　　他被認證是一個寧瑪派喇嘛阿勒吉札的轉世。在安多，阿勒意指一個聖者的轉世，即俗稱的祖古，吉札則是指他前世的祖廟。

　　十三歲時展現了才華，他創作了兩首回文詩，詩的結

構複雜，在一個矩形中從各個角度都可以朗讀。他在熱貢寺剃度出家，從上師處得到法名更敦群培。

他在西寧外的貢布強巴林待了兩年，透過西藏的辯經教學方法，他研習了格魯傳承的因明學和認識論。辯才無礙使他日漸成名，在一次重要學位的考試中，他力辯群雄，辯論的是寺中教科書，十七、八世紀間著名的修行者蔣揚謝巴的著作，他批駁了蔣揚的觀點，所有強巴林的師生都被他辯得啞口無言。後來當更敦群培居住在中藏期間，蔣揚謝巴的轉世來到拉薩的一座寺院參訪，更敦群培擔心蔣揚謝巴會因為他批駁其前世而沮喪，特地前去見他並獻哈達以示敬重。這位蔣揚謝巴的轉世卻一點也不沮喪，當更敦群培進屋後，他立即起身相迎，直到更敦群培坐下後他才就座。

1921 年更敦群培轉到一個更大的格魯派（注2）佛學院札西齊寺（拉卜楞寺），蔣揚謝巴於 1710 年創建，位於安多的東部（目前屬於甘肅省）。他因為滔滔雄辯以及不隨流俗的態度而更加有名，同時他也能製造機械動力船，橫渡札西齊寺旁的一個湖面。在此期間，他認識了一位美國的傳教士葛理畢諾神父，就住在寺院近郊的一個小鎮上好幾年了，在造船技術上給了更敦群培一些意見。

1927 年，更敦群培二十餘歲，因為批駁學院教科書的事，在札西齊寺的壓力下，他轉到中藏拉薩近郊的哲蚌寺果芒札蒼，成為喜饒嘉措大師的門下。喜饒嘉措和十三世

達賴喇嘛友好，在中共進駐西藏之後被聘爲中國佛教會的會長以及青海省人民政府副主席。師徒兩人都很有個性，更敦群培經常挑戰他老師的教導，與他爭辯；而喜饒嘉措也不直接叫他學生的名字，只稱他的綽號「瘋子」。更敦群培最後放棄上他的課，他說：「雖然喜饒宣稱要教我經典，但完全無法滿足我。不論他說什麼，我都提出辯駁，我們經常不知不覺就爭論起來。除了叫我瘋子以外，他從來不曾叫過我的名字。」

更敦群培還喜歡挑起和其他學者的辯論。一次他在辯經大庭中裝扮成不識字的督監，和著名的蒙古辯經師嘎旺雷登激辯，嘎旺後來成爲果芒札蒼的住持。另一次，他以一個非常特殊的觀點反駁哲蚌寺羅色林學院的首席教授師，羅色林屬於哲蚌寺的另一個瑞布札蒼，與果芒札蒼並立，這位首席也被更敦群培辯駁得啞口無言。

他甚至主張沒有成佛這回事，導致一個憤怒的僧團毆打他，粗暴地逼迫他承認確實有成佛的存在——這個例子說明了格魯派的學院中，團體控制力限制了分析性的試探。更敦群培總顯現得不那麼容易受到外在的役使和屈服，而西藏的學者們卻認爲他們的辯證是唯一清淨的，是不容修正和辯駁的，是大師的至理名言。顯然地，他花不多的時間在研讀上，就在他要應考格西學位（注3）之前，卻離開了果芒札蒼，放棄了高學位的虛榮。

更敦群培還喜歡繪畫，在果芒期間，他畫了很多素描

當作「果腹」。1934 年他和羅侯羅（Rahula San-krityayana，1893-1963）同遊北拉薩時，也畫了不少。爲了尋找梵文的手稿，他們一起到藏北、尼泊爾、印度等重要的佛敎遺址作朝聖之旅。羅侯羅後來成爲他終生的至交，他是梵文專家，獻身於印度獨立運動，他也是印度共產黨員，經常到蘇俄旅行。1938 年更敦群培隨同他返西藏回程考察六個月，之後他受聘於印度派特納的比哈爾研究會（Bihar Research Society in Patna），一直到 1945 年才回到西藏。海德·史多達（Heather Stoddard）根據探險隊的攝影師方尼·穆可吉（Fany Mukerjee）所說而引述了一段故事：

我們談論許多有關藝術的話題。我受的是西方傳統教育，藝術是一種可以在片刻凝視中拾起並放下的活動，但更敦群培說藝術中最重要的是專注，心必須完全投注於對象之中。有一天，他開玩笑似的說，他將展示給我看他說的是什麼意思。他到市場買了一瓶酒回來，開始大口的喝，他不停的喝並一再問我臉轉紅了沒有，喝完最後一滴時他醉了。接著他脫光衣服坐了下來，開始作畫，他畫了一個完美的人物畫，從人物的手指尖開始起畫，以一筆連續的線條沒有間斷地回到指尖，完成了一幅畫。

這則簡單的故事傳達了一個意義，更敦群培喜歡酒、

性、禪定和藝術。

在噶倫堡他與達欽巴布拉編纂了一本藏英字典，內容還兼及一些印度文的英譯。達欽巴布拉提供了一個給西藏青年聚會的場所，讓一些有改革思想而不得志的年輕人有個去處，這些青年當中包括：

·邦達饒嘎：來自西藏西南康區的重要政治領袖，他和國民黨有政治和資金上的往來，曾把孫中山的一些著作譯成藏文。

·巴布·彭措旺嘉：堅貞的西藏共產黨員，1949 年提出改革西藏政府的計畫，後來接受中國政府的一個高級官職，文革時期被冤入獄，1979 年獲得平反。

·圖敦貢佩拉：十三世達賴喇嘛的親信隨從，因為具有影響力，在西藏的權勢被認為僅次於達賴喇嘛。1934 年達賴喇嘛圓寂後，被忌妒他權勢的人放逐，他被放逐的日子選在藏曆十二月的第二十九天，這是藏人把過去一年所有的邪惡力量匯集起來驅逐出去的日子。他被帶到拉薩的市中心，被迫與他的父親對面而過但不得交談，他父親於先前遭到逮捕，並從另一方被帶過來會面，這是一個非常殘酷的懲罰。

這些人都醉心於改善西藏的現況並促進其現代化，當時的西藏處於一種不能容許改變和容忍歧異的氣氛，因為英國策動要繼續維持在印度殖民的地位，使得西藏的情勢更加保守。在我看來，他們普遍的西藏民族主義要強過與

國民黨或共產黨結盟的意願，但不幸的是，由於恐懼外國勢力的入侵，更不能容忍多元思想，使得西藏政府和人民無法從這些青年領袖的才能和洞見中獲益。

更敦群培在錫金時開始跟隨一位基督教的老修女學習英文，經過一位錫金人更多的指導，他在六個月後通過一項入學考試。其後在羅列赫（George Roerich, 1902-1961）的邀請下，他與修女同行到印度的庫魯。羅列赫是蘇聯的政治流亡者，也是西藏、蒙古專家以及佛教徒。在庫魯，更敦群培和修女把法稱尊者的《釋量論》（*Compendium of Teachings on Valid Cognition*）譯成英文。更敦群培也協助羅列赫把非常重要的十五世紀藏傳佛教史譯成英文，就是著名的《青史》（*Blue Annals*）。

更敦群培在錫蘭的卡什維德亞皮斯學院研習巴利文，並在貝納拉跟隨庫努喇嘛丹津嘉措學習梵文。庫努喇嘛說更敦群培非常猛利，一本他要花好幾個星期才能熟記的經典，更敦只要一天就記起來了。更敦群培將卡利達薩的《羅摩衍那》從梵文翻譯成藏文，並翻譯了《薄伽梵歌》第十二章，這是讚頌梵天很長的一章，將其中的《虔信瑜伽》從梵文節譯成藏文。他還把整本巴利文本的《法句經》譯成藏文，也把寂天菩薩的《入菩薩行》中的「智慧品」從梵文譯成英文，而且應西藏政府之請將英文的《軍事操典》譯成藏文。他用藏文寫了幾本哲學的書，包括唯識學派的理論、艱澀的因明論，以及非佛教的哲學。他還寫了四本

醫藥方面的書，以及他旅遊考察的遊記和聖地指南等導讀的書。

1945 年冬天，經過了整整十三年在印度以及六個月在斯里蘭卡的歲月，更敦群培回到西藏。在斯里蘭卡，他對於出家長老們的生活方式留下深刻的印象。回到拉薩以後，他爲蒙古族的格西曲札工作，協助他編纂了一本最現代的藏文辭典，也透過貴族霍康家族的贊助，出版了西藏早期的歷史《白史》（*White Annals*）。

在拉薩，更敦群培也以他甚受爭議的詮釋方法敎授中觀哲學。他的學生——寧瑪派的達瓦桑波，對於他的講授做了筆記，同時把更敦群培早期寫在紙片上有關《釋量論》的著作合編成一部《中論奧義疏：龍樹密意莊嚴論》，先在拉薩出版，1951 年在噶倫堡出版。這本著作是批評宗喀巴大師對中觀哲學的詮釋。宗喀巴·羅桑札巴是格魯派的創始者，是更敦群培早期受敎的兩所學院——安多札西齊寺和拉薩哲蚌寺的精神導師。更敦群培警告過達瓦桑波，在他死後，這本著作會引起很大的爭論，他必須小心。

一位卜居於紐澤西的內蒙古學者格西葛登告訴我，他曾經在拉薩的街上碰過更敦群培，更敦帶他到一個屋內，非常平靜淸晰地對他闡釋中觀哲學。雖然更敦群培看來有點酒醉，但格西葛登對於他的淸淨澄明非常驚訝。這與他上回展示酒後作畫的禪定功夫一樣。

更敦群培對於宗喀巴闡述中觀哲學的批評是很細微

的，他發覺宗喀巴在區別空與有這方面說得太深奧，尤其宗喀巴主張以空性來辯駁自性有。的確，宗喀巴認為只有完全了悟空性，才能真正的區別出空與有的奧妙，因此他堅持禪觀空性的第一步必須要清楚知道什麼是自性有，而它又是如何在心中出現的。宗喀巴的弟子們試著解釋其間的明顯區別，認為最初對自性有的認同只是一種自以為是的臆測，而非確切的認知。

然而，更敦群培的批評強調禪修時了悟空性之必要，不要滿足於口頭上賣弄一些自己沒有體驗的言詞術語。因此他主張，不論口頭上作了什麼樣的區別，一個人必須根據事實辯明空有，而不是製造錯誤，放著主要對象不管，去反駁個別的自性有。在這點上他認同寧瑪派的觀點以及格魯派的經驗主義學者，如江嘎・羅貝多杰、貢塘・恭郤登貝卓美、第一世班禪喇嘛洛桑秋吉格桑。

如同江嘎所說：

似乎他們放著這些實存的現象不管，而去尋找像兔角一類的東西來辯駁。

因此，更敦群培並非反對格魯派的一切學說，而是反對他們在概念的釐清上，並不根植於經驗的優勢傳統。

然而，更敦群培在不自覺中傷害了格魯派學者的立論。在《龍樹中論奧義疏》起首的章節中，更敦群培以很

長的篇幅，揭示了格魯學派所強調的「釋量」的本質，認為他們的論點過於獨斷。正如他在《西藏慾經》接近結尾時所說：

檢視一個人的經驗，從小到老，我們的心態有多少的改變。信心怎麼能夠放入流行的概念呢？有時候即使看到一位天仙，我們也會感到厭惡；有時候即使看到一個老女人，也會燃起熱情。有些東西目前存在，但稍後可能消失，而一些新的東西可能出現。數目字是不能夠蒙蔽心的。

此外，格魯派嘗試解釋佛陀的平等心，有關「一念萬年」以及「芥子納須彌」的矛盾現象，他們說是因為佛陀的神通力才有此能耐。更敦群培說真正展現神通力的不是佛陀，我們無法把這矛盾的現象統一，是因為我們透過概念的心去思惟，自然無法理解一念怎麼可能有萬年之長。他建議格魯派的學者們最好去闡述佛陀證悟的洞察力，而不是侷限在凡夫有限的眼光。

這是格魯派的標準態度，他們根據中觀的法則作為基調，拒絕接受佛陀、龍樹和一些論師們許多論述的價值，否定了空和有，以此解釋他們意圖駁斥的自性有。但是更敦群培反駁了中觀法則，認為實相的確是超越所有二元的主張。如同他在《西藏慾經》手稿行間的註記，談到「實相怎麼能與空性和大樂相矛盾」中說道：

有關靜（山河大地）與動（有情眾生）的究竟本質是難以言傳的，當我們從負面角度思考時，它是空性；當我們從正面角度思考時，它是大樂。空性不全然是負面的，而大樂是正面的。因此我們可能會質疑這兩者如何能在一個基礎上並立不悖，但是把它們放在二元觀念中，我們可能就不會感到害怕了。

他在辯證上的訓練讓他明白邏輯也有它的限制性。他也批評執著於字面受到文化制約的淨土觀念：他說假使佛陀把淨土賜給了西藏，祂應該把淨土的文化也給他們，像是裝飾著奶茶的許願樹等。更敦群培並非虛無的相對論者，他說他並不是不相信佛，而是佛陀所說的話必須是信眾能理解。很明顯的，這個尖銳的、離經叛道的思想以及周遊列國的見聞，挹注了他文化相對論的概念，而這些卻是他的西藏同胞所缺乏的。

他的《龍樹中論奧義疏》是如此離經叛道，一些頑固保守的格魯派人士，雖然不能否定更敦群培的卓越才華，卻又不敢想像誰有如此膽識敢批判宗喀巴，因此轉而主張《龍樹中觀奧義疏》的基本觀點並不是更敦群培的，而是他的學生達瓦桑波的。這本書被非常嚴肅的對待，有三本批判他的著作也出現了：一本是他以前的老師喜饒嘉措所寫的《龍樹奧義略論：無畏獅子吼》；一本是旅印藏族學者哲美・洛桑班丹所寫的《駁中論奧義疏的異端邪說》；以及

另一本由哲蚌寺果芒札蒼的學者雲丹嘉措所寫的《答東妥的問難：駁更敦群培的龍樹中論奧義疏》。

更敦群培的政治見解同樣離經叛道，這給他帶來了麻煩。當他在印度時，和一些被驅逐的西藏政治領袖有來往，像是邦達饒嘎，他組織了一個「西藏革命黨」從事政治運動。更敦群培認同這個改革政治運動，這可以從他替這個組織設計黨徽中得到證實，黨徽是一把鐮刀、一把劍、一個織布機，他的行徑在西藏政府內比較保守的官員眼中看來格外刺眼。這個組織的藏文名稱是「西藏西部改良黨」，有點仿效中國對西藏的稱呼，在字面上為西部藏區的意思。因為這名稱呼應了中國主張西藏東部的兩省安多和康區已從西藏分治出去，因此這個政治運動已然冒犯了許多西藏政府的官員。

噶倫堡集團出版小冊子批評西藏的制度，這使得在印度的英國行政官署感到困擾，他們對該組織發出「退出印度」的通知。而一位西藏政府閣員的邀請，把更敦群培騙回拉薩，在進入錯那時即遭到監視。他只帶回一捲被蓋、一個爐子、一個小鋁鍋，和一只裝著書和手稿的黑色大金屬箱。他真正過著他自況是「安多的托缽僧」的生活。

1947 年秋天，蘇堪召集了一個委員會議，他是 1940 年代晚期西藏噶廈政府最有權勢的人，表面上指摘更敦群培製造偽鈔，實際上卻是認定他從事顛覆的政治活動。蘇堪隨後指控他是共產黨員，另有謠言指他是蘇聯的間諜。更

又甚者，他被捕的原因還包括應國會之邀草擬憲法，以及他在宗教上離經叛道的態度。噶廈政府擔心國民黨資助西藏革命黨。後來更敦群培解釋，他猜想英國政府讓噶廈以共產黨的名義逮捕他，是因爲他的歷史觀點認定西藏是一個獨立的國家，她的邊界涵蓋到印度邊區，而英國卻認爲中國的領土涵蓋西藏，意圖維持現有中印邊界的疆域。

當官方前去逮捕他的時候，他提出兩項請求：㈠不能翻動他寫在紙片和煙捲紙上的筆記，那是他小心置放在房間內有關證明西藏是一個獨立國家的書稿；㈡他們要保密，爲了照顧他的性需求，讓他保有一個眞人一般尺寸的充氣娃娃（他曾經在娃娃臉上畫上一個游牧女的相）。但是，這兩項請求都沒有兌現。

噶廈政府執意看他所有的寫作資料，由於沒有一項能使他入罪，他們改而審問他，最後採取鞭打的刑求手段，更敦群培還是全盤否認他們的指控。雖然欠缺實質的證據，他仍然以罪犯之名關入大牢裡。在獄中，他和一名亞娃荷血統的女子過夜。

1949 年，羅侯羅和羅列赫去拜訪蘇堪的哥哥，他是一位將軍，當時正在印度訪問。他們說服他讓更敦群培去寫一部西藏的歷史，同時告訴他善待更敦群培對西藏政府有利。他們說，當中共要占領西藏的時候，無可避免地，西藏政府可以利用更敦群培和中共的情誼。經過兩年四個月的牢獄之災，更敦群培在 1949 年被放出來，一身邋遢，穿

著破破爛爛，非常瘦弱。

　　他受到的待遇是非常嚴酷的，在《西藏慾經》的最後一節結尾可以發現，他仍然堅持別人的過失不能歸咎在他身上：

　　　　不能把自己的過錯加諸在一個謙卑者的身上，
　　　　像是以不當的行爲毀掉朋友的生活，
　　　　或是喪失了鎮靜等所造成的過失。

　　他祈願謙卑的人能免於被迫害的自由：

　　　　願一切卑微眾生，
　　　　在這寬闊的地球上，
　　　　能得眞實的自由，
　　　　免於因殘酷法律枉受牢獄之災。
　　　　都能夠自主地、適切地
　　　　分享小小的歡愉。

　　這一節中表達了西藏人民的境況——人們拒絕殘酷統治的渴望。

　　政府貼在他牢房的封條被劉夏・徒敦塔巴撕下，他是外事安全部的部長，由於他的請求而釋放了更敦群培。當時十五歲的達賴喇嘛剛負起統治政府的責任，對所有人犯

實施大赦，這個大赦的消息由劉夏帶到更敦群培的牢房。他發現牢房內的牆上掛滿蜘蛛網，更敦群培個人的所有物爬滿了蟲子，他感覺好像置身於西藏大修行者密勒日巴的巖洞。牆壁上有一段話，描述囚犯被監禁的嚴酷景況：

> 從慈悲的領域裡
>
> 但願他們以智慧之眼
>
> 關照那被遺棄的純真小孩
>
> 濃密的森林中
>
> 一隻頑強的猛虎
>
> 因爲忌妒而抓狂
>
> 發出駭人的怒吼

　　猛虎是隱喻攝政達拉客，他的名字第一音節的意思就是老虎。更敦群培因爲被監禁而責難於他。

　　更敦群培從牢獄中出來時，穿著破爛邋遢。他變成一個酒鬼、鴉片菸槍，他那只裝著書和手稿的黑色金屬箱也不見了。

　　大約有兩個半月，他拒絕梳理、穿著乾淨的衣服、刮鬍子、剪他那及腰的頭髮。他形容自己是一個被石頭打破的珍貴琉璃寶瓶。雖然他的生活已經不再像過去，但在面對哲蚌寺來訪的五位喇嘛時仍然表現得辯才無礙，只是隨手對著釋迦牟尼畫像吐菸圈、彈菸灰的舉措嚇壞了訪客。

他們論辯的主題是，佛是否有真正愉悅和痛苦的感覺，五位喇嘛被他辯得啞口無言而去。據說其中一位對更敦群培留下深刻的印象，而對自己的學識不足感到沮喪。

在另一個酒醉的場合，更敦群培展示能說十三種語言的能力，包括日本、印度、不丹、尼泊爾、錫金等。政府給他一份生活津貼和食物配給，但卻沒有還給他裝著書和手稿的黑色金屬箱，有人認為那些被送到英國去了。

出獄後，他和在監獄碰到的流浪女子同居了大約兩個月，他請朋友買一些她想要的東西，並把她送回家鄉去。後來，她和來自川多的女子玉卓同居。

他的健康狀況因為飲酒過量而衰弱，達賴喇嘛的私人醫生為他開了藥方，但似乎沒什麼作用。在他出獄兩年後，聽到宗喀巴的「緣起讚」以及米旁的「大圓滿根道果祈請文」之後，他宣稱：「那些都很好聽，瘋子更敦群培已經看盡了全世界有趣的事了。現在，聽說在下面有一個著名的地方，我在想，假如我下去的話，那會是什麼樣？」太陽就要下山了；他請他的好友喇瓊阿波（傳記作家）回去，第二天再來看他。當喇瓊阿波第二天回來時，人家告訴他，更敦群培在他走後不久就離開人世了。

他死於 1951 年，享年四十六歲，在監獄的歲月裡為他的生命留下了註記。

第一部

西藏慾經

更敦群培 著

前言 頂禮佛陀

願自生大手印能庇護你，
讓所有穩定的和變動不居的事物，
滾入一個狀態中，
以堅定的喜樂如閃電般的套索，
讓一百零八個結使都消失無蹤。

頂禮在瑪希許華拉的足下，
祂動人的身軀如無雲晴空般的澄澈，
祂永恆地在快樂的榮耀之地嬉遊，
祂安住在西藏凱拉薩的雪山之中。

我頂禮在高儷女神的足下，

祂美麗的臉龐如滿月般的綻放，

祂微笑輕露的貝齒如珍珠念珠，

祂隆起的乳房有如圓形的海螺。

　　慾界就是處在一種情慾的層次，其間所有的眾生都追求慾望的滿足。情慾滿足的實現，就是男女性器結合產生的性喜悅。哪個男人不渴求女人？哪個女人不渴求男人？除了外表故作矜持，所有人的內心都無例外的喜好此道。

　　在斯里蘭卡的一本《情慾經》(*Anguttara Sutra*)中，薄伽梵宣說了以下這段話：

　　在男人眼中最美麗的形式就是女人的身體；在女人的眼中，就是男人的身體。世間我所見沒有比這更美麗的東西了。在男人的耳中最曼妙的旋律就是女人的聲音；在女人的耳中，則是男人的聲音。世間沒有任何聲音能夠超越它。

　　祂也談到其他三種感官的喜悅——嗅聞、品嚐、觸摸。

　　在佛陀之前的數百年，印度婆羅門系統就有許多的經論，包括《一家之主經》、《家庭主婦經》、《情慾經》等等。那些梵行者和居家者的生活方式，過往的聖哲都做過解釋，所有印度的生活習俗都源自於此。

　　在一些經典中，提到有關十八種科學的主題之一，就

是性的技巧。在《廣論運動經》(*Extensive Sport Sutra*)中，論及菩薩女神的特質，她「要了解有關娼妓的經論」，這意味著她必須知道性愛的方式。在其他的著作中也談到，「一個女人必須知道性愛寶典」，其中所謂的經論或寶典指的都是攸關性愛的技巧。

蘇如巴（Surupa）大師所寫的《情慾略論》被翻譯成藏文，這是論述婆羅門學者科卡（Koka）所寫的《性愛歡愉》。科卡是喀什米爾國王巴里哈德拉（Paribhadra）的兒子，雖然此書沒有譯成藏文，但零星的印度版本散見在藏區的翱爾寺（Ngor Monastery）中。據說這也是龍樹菩薩流傳下來的論著。

有關情慾的論著，今天在印度著名的有：《愛神的寶飾》、《慾望之神》、《情慾的藝術》、《性快樂的祕密》、《性歡愉的寶燈》、《五箭集》等等。大大小小的論著集結起來大約超過三十本。其中最好的是瑪希許華拉（Maheshvara）的《慾望論》以及華茲雅雅那（Vatsyayana）的《愛經》。在此，我將依據這些典籍做解說。

男性類別

　　雖然男性有很多的類型，但是都涵蓋在這四種類型之內──兔子、雄鹿、公牛和種馬。

　　兔子型的人有中等身材，他的思想是良善的，並帶著笑臉；他是道德的實踐者，能和朋友打成一片；他不會和別人的妻子搞七捻三。他尊敬長輩和上位者、協助晚輩和下位者；他不講究吃穿，只要方便、大方。他不懊悔過去，也不憂心未來；總是閒適安逸，保持愉快的心情。他的陰莖勃起時有六指幅長，龜頭呈圓狀而柔軟。他交歡時迅速，而且很快射精。他的體味和精液味道聞起來令人愉悅。在好的和舒適的地區有很多這類型的男子。

雄鹿型的人有凸起的眼睛和寬闊的肩膀。他尊敬師長，但不喜歡打掃清理的工作。他的智能機靈；他移動時，又跑又跳；經常唱歌；他穿著講究，穿戴首飾。他說話忠實、胃口好，經常為朋友提供食物和宴會。他的陰毛和腋毛稀疏；他的陰莖有八指幅長。在地球上大部分的國家都有許多這類型的男子。

公牛型的人有壯碩的身體和英俊的面容。他的性格多變，很少退卻。他很容易交朋友，也很容易和他們分手。他的胃口奇大，擅長歌舞，行為反覆無常，情慾旺盛。他與所有他能上手的女人做愛，陰莖有十指幅長，體味和精液的味道難聞。在海岸和平原區有許多這類型的男子。

種馬型的人體型肥壯，身體粗大；膚色黝黑、長腳、移動迅速。他容易興奮，喜歡欺騙、虛偽，與所有年輕、年老的女人為伍。這種類型的人極為激情，如雙方同意，他甚至可以和母親及姊妹做；他和不適合的人往來——親戚、牧師的女兒等等。不管他交歡多少次，他的精力從不喪失。一天沒有女人都不行。他的陰莖粗而且硬，勃起時有十二指幅長，精液相當多且味道難聞。在所有的國家中，都有許多這類型的人，在乾旱、躁熱少雨的地區，這類型的人更多。

這四種類型再擴大描述的話，可以更細分為十六種類型。例如，兔子型可以再分類為：兔子—兔子、雄鹿—兔子、公牛—兔子、種馬—兔子等四種類型。同樣的，雄鹿

型可以再分類爲四種；公牛型和種馬型也可以再細分爲四種。至於這些類型的個性和特徵的不同，聰明人只要詳加分析就可以知曉。

女性類別

雖然有許多不同類型的女人，但無不涵蓋在這四種類型之內：蓮花型、圖畫型、海螺型和大象型。

蓮花型的女人最佳，她美麗，帶著一張微笑的臉，她身材苗條，性情溫順，沒有雀斑，膚色白皙透著紅潤。一頭烏溜亮麗的秀髮，眼睛游動像是受驚的小鹿；小鼻孔、濃眉。喜歡整潔的衣著、簡單的食物，穿戴很少的飾物，像是花之類的。她是利他主義者，品德高潔，對丈夫忠實。她的乳房柔軟圓潤且大，陰道有六指幅深，她的月經流出味道香如蓮花，故此類型以蓮花爲名。拉瑪國王、希塔國王的妻子，潘達瓦、德勞帕迪王子的妻子都是蓮花型的女人。過去大多數的時代，許多女人都是屬於蓮花類型。在中部地區愉悅的土地上，她們降生於良好的血統中。

圖畫型的女人屬中等身材，她不很胖也不很瘦，游動的長眼睛好像蓮花瓣一般，鼻子有如芝麻花。她穿色彩鮮豔的衣服，戴黃色的花環；她喜歡各式各樣的圖畫，愛聽有趣的故事。她養各種不同的小鳥、鸚鵡等等。總是有一群小孩圍繞在她身旁。她的身體美麗如一幅圖畫，因此稱

她們是圖畫型的女人。她不特別喜歡性愛，其他的特質與蓮花型的女人類似。她的生殖器官略呈圓形狀、陰道有八指幅深、陰毛稀疏、月經清澈。圖畫型的女人出現在大河的岸邊，像是恆河、卡維利河、印度河。

　　海螺型的女人瘦高。她的脖子略彎，鼻子的頂端向上挺，瓜子臉，膚色美好；她不斷吃各種的食物，擅長做家事，僕人總是繞著她。她很會說話，心智清晰，會隱藏一點祕密，可以很快和她所遇到的人交往。她不太尊敬長輩，但容易和家人打成一片，她善妒、多情。她的生殖器溫熱，陰道有十指幅深；陰毛濃厚，容易流出分泌物，體味和陰道味是酸的。世上的女人多數是屬於海螺型的，但因為不同地區的氣溫和特質，產生不同的體型和膚色。有三個特質：多話的、靈巧的舌頭，彎曲的脖子，就是這類型很明顯的特徵。

　　大象型的女人身材短小、四肢寬闊，她的嘴巴和鼻子寬厚，屁股比什麼都來得大，眼睛有點紅色，她的頭髮粗、肩膀圓。她的乳房很大而堅硬如石。她的食量大，聲音強硬而顯焦急，從頭到腳都穿金戴玉。喜歡搞婚外情，說長道短。這類型女人大多會和丈夫離異，喜歡結交精力旺盛的男人，可以和任何人睡覺，甚至是父親和兒子。她一天要交歡好幾次，不易滿足。她的生殖器多毛而且如火一般溫熱，經常滴著濕濕的分泌物，味道有如大象。一個像此類型的淫婦是不適合當妻子的，但是她的行動力積極旺

盛，作爲女僕的主管則相當稱職。

將此四種類型的女人再細分，可以分成十六種類型。它的分類像是蓮花—蓮花型等等，與上述男人類型的分類相同。

這種分類是瑪希許華拉所敍述的。華茲雅雅那談到兩種分類，每類有三種型態，共有六型。他提到男人的三種類型是兔子、雄鹿和種馬，女人的三種類型是母鹿、母馬和大象。這兩種類型的分法，其個性的好壞應根據他們陳述的順序來理解。雖然在註解中有許多不同類型的解釋，但是除了極少部分，大多數都受到認同。

身體標記

假如一個女人在左臉頰的底部有一顆紅痣，雖然她年輕時會經歷困難和痛苦，三十歲以後她將得到快樂、安逸和榮耀。如果是黑痣，四十歲以後將會變得快樂。

在額頭中央細線條的地方有個黑痣，她的個性不佳且不易和朋友相處。如果是紅痣，她的丈夫會疼愛她。

如果在額頭左邊有一顆痣，所有人都會愛她，且會得到財富和尊敬。

如果在額頭右邊有顆痣，她所從事的所有事都不會有成果。

如果她有一串綠色的痣在左眉毛下方，她會得到廣闊

的資源，她的舉止有度，丈夫會疼愛她。

如果她的一隻眼角邊有顆紅痣，她的厄運不會終止，而且還是會橫死於刀劍之下。

若她有顆痣在頰骨上，將不會大富但也不會貧窮。

她的鼻子上如果有顆痣，她將會遠行他鄉，她所從事的事業都會成功。

如果她在右臉頰的尾端有顆痣，一般說來她會遭遇極大的厄運。

在嘴部的周圍有痣的話，所有的人都會喜歡她，且可以享受美食和財富。

在頸部中央有顆痣的話，無疑的她會是個富婆。

如果她的耳內有痣的話，一般說來她是積極的，所有人都會尊敬她。

若在頸部有一顆痣，她會在不預期的方向得到資源。

如果她的左乳房有一顆痣，她會生很多女兒，而且生活困頓。

如果她的右乳房有一顆痣，她會生很多男孩。

如果她的雙肩上都有痣，她會有權勢，很難有人能壓制她。

如果她的胸部有顆痣，她的思想是不好的。如果她的腹部有顆痣，她的食慾很大。

有關女人身體左邊的標記所顯示好或壞的意義，在男人身上則剛好相反反映在右邊。然而，這些都不是非常可

信的。

人生階段

　　女性在十二歲或年輕一點，稱作少女。應該給她梳子、蜂蜜、酥餅等等，告訴她一些接吻的愉悅故事。

　　從十三歲到二十五歲，稱爲年輕女子。她應該被吻和擁抱；結識男人，她將體驗快樂。

　　從二十六歲到五十歲是爲成熟女人。她應該聽一些像是咬或是揉捏的情慾故事，她也應該得到情慾的快感。

　　一個女人過了五十歲，應該得到如「和藹的」、「可敬的」之類字眼的尊敬。不論是短程或長程的問題，應該聽她的忠告。

第二章 情慾關係

降生在慾界的眾生，

無論男女都渴望對方；

慾望的喜樂是喜樂之最，

高等或低等眾生都可輕易發現。

假使不是因為性愛關係而結合在一起，男性和女性將會分開。那麼這世上將會有兩個集團，他們必然會生活在戰爭和衝突之中。和尚們離群索居，的確無法體會其中價值，但即使是依他而起的、生活所依憑的八暇十滿（注4）之身，都是因為兩性結合而得來的。也就是說，假使放棄了性愛，這個世界將在瞬間變空。如果沒有人類，又哪來和尚和佛法？

「二聖六莊嚴」（注5）降生於印度，善法的教師雪拉降生於歐謨，明朝皇帝降生於中國的皇室。我們無須解釋他們他們來自於何處。

外道的書上說，婆羅門階級是從梵天的嘴巴降生。這在事實上很難被接受，但是不論智者還是愚者，沒有一個人能否認所有四個種姓的人都是從婦女的子宮降生。

在男人與女人之間，即使喪失了所有的財富和權勢，就算是一個滿頭白髮的老人，在女人的私處間也能經驗無法言喻的喜悅。就情慾而言，它沒有束縛、沒有惡念的困擾，也沒有一顆惱害的心似矛一般的傷人。雖然慾界眾生的情慾沒什麼美德可言，但它又有何罪過呢？

在《時輪密續》實修的章節中提到，供養一個女子給渴望的人是至高無上的禮物。如果你不相信我，去看看那一章，你就會明白。

好比乞丐說討厭黃金、餓客說厭惡美食。每個人的嘴巴都咒罵性，但是每個人的心都暗地喜歡它。只有富人才得到金銀財寶、車渠馬牛；其他所有的人，不論貧富貴賤都可以在性愛中得到快樂。珍稀的事物像是陽光、微風、大地和河流，是屬於大家共同所有。如果我們認為地球上每件有趣的事都是人類所製造的，試問有比男女結合更有意義的事嗎？不需要有負擔，不需要別人認真的來告誡你這件事的重要，所有男女都可以自由地進入歡愛的情境。這是因果律所設的法令。

你難道不會對於一流的布頓大師（1290-1364）活雕像感到驚嘆嗎？它只是一對男女躺在那兒半個小時，而不必靠任何的手工藝或是科學。的確，所有因緣具足的結合都是神奇的，但是最神奇的還是男女間的結合。所有愚笨的人即使不知道如何唸書，也可以不必透過讀書而自然知道這檔事的神奇。薩迦班智達（1182-1251）說，對於神奇的事不把它當一回事，那才是愚昧的象徵。

喔！我現在瘋了，雖然那些清醒的人笑我，但大樂的經驗不是小意思，家族血脈的傳承也不是小意思。假使一個人能夠從大樂和空性中確證情慾的方式，這怎麼能說是小意思呢？

對每個男人而言，他的想望是女人；對每個女人而言，她的想望是男人。在彼此的心中，都有性的慾望。那些以清淨自持的人有什麼機會禁止現實上合宜的行為，卻讓不合宜的行為祕密進行？宗教和世俗的道德怎能壓抑人類自然的情慾？禁止喜悅在神經結構的五輪和壇城（注6）的六大（注7）中自然升起，把它當作是一種過錯，這對嗎？

在滿意的對象上尋求快樂是情慾，但它也是信心本身。害怕不愉快的對象是憎惡，但它也是自制本身。不論某件事是不是慾望，它是心的特質。雖然我們嘗試改變它，但卻無法避開它。因此，當我們仔細的檢視，不論是大乘、小乘都把煩惱情緒運用在修行道上。

不管什麼樣的活動——大的或小的，為了個人的因

素，爲了國家普遍的好，爲了國王的統治，爲了窮人的生計——女人是不可缺少的。不管是爲了需求而祈禱或是供養神佛，據說如果與女人共同來做這些事，效果不但迅速而且必然圓滿。

這個廣闊的世界就好像一個可怕的荒漠，因爲過去許多行爲造作的力量而變成痛苦。在這樣的一個世界中，女性朋友能夠帶來喜悅的安慰，這似乎是個奇蹟。她是一個帶來愉悅的女神，是一塊繁衍家族血脈的良田。人們生病時，她是有如護士的母親；人們悲傷時，她是撫慰心靈的詩人。她打理一切的家務，是個僕人。她畢生以歡笑保護我們，是個好友。一個妻子因爲前世的業而與你結上關係，她被賦予了這六個特質。因此，認爲女人多變而且通姦的說法根本就不是事實。

關於通姦一事，是不應該有男女差別的。如果我們仔細審視，男人可能更糟糕。一個國王擁有上千個嬪妃，仍被頌揚是高貴的生活型態，但假使一個女人擁有上百個男人，她可能被詆毀得體無完膚。

假使一個國王與一千個女人輪流做愛，哪裡還存在什麼通姦的問題？既然和一個妻子做愛不算通姦，又怎能說這個國王是和人通姦呢？一個頭髮雪白的富有老頭可以選擇並買下一名女子，女人只是一件買賣的物品，她有的只是一個價碼而已。唉，女人沒有保護者！當一個男人挑選一個女人並強行將她帶走時，女人並不願意跟他走；因

此，就好像意圖用石頭修補木頭一樣，女人的性格怎麼可能穩定？

在波斯，每個年邁的男人擁有大約十個妻子，假使其中一個妻子與他人通姦，她將立刻被活活燒死。雖然一個男人有五個年輕女人就可以滿足，但五個女人怎麼可能滿足於一個年邁的老頭？像這樣，在世界上許多地區，富人有很多法律和習俗來配合他們的願望。這不僅獲得令名美譽，同時還與國王的願望相符合，聰明的人也就微笑的贊同了。如果人們想想這個陋習，就無法從悲哀中得到解脫。因此，不要光是聽由男性一種聲音發出來的叫囂；僅只一次，見證真理的本質，並說出誠實而無偏見的言語！

對一個女人而言，她最終的家不是父親的家，而且很難成功地找到自己的路。女人的終生伴侶，就像在荒野山谷中的無角獸一樣，是她的丈夫。在印度，女人每天早上起來要向丈夫的腳下頂禮，並把他腳上的塵埃和紅色粉末攪拌後，點在自己的額頭上。

在尼泊爾，即使一個男人強行帶走一個女人，並發洩他的情慾，完事後，她起身，還得用頭碰觸他的腳，然後離去。起初，她會掙扎說「不要」，事後卻畢恭畢敬的說「謝謝」。想想看這個習俗，我們不禁大笑。甚至於，據說做這事的那些人是一種良好的德行呢！

她的丈夫供給她食物、衣服、首飾——一切她想要的東西，並引導她一生所有的行為，除了尊敬他以外，女人

別無其他的教條了。一個女人如果放棄她的丈夫，去從事博愛、禁慾等事業，這些善根沒有獲得丈夫的同意而去從事的話，是不會產生善果的。她必須留在丈夫的身邊，各方面都表現得優雅，能與丈夫的思想一致。更深一層的，她必須透過各種情慾的活動在身體和心靈上與丈夫合而為一。

一些男人豢養了女主人，但隨後卻放棄她。據說潔淨的神害怕沾到不潔的女人，哪怕是她腳上的灰塵所掀起的微風，都會讓諸神逃離而去。

丈夫的另一半是他的妻子，妻子的另一半是她的丈夫。一個人的身體分成兩半，各自獨立，即使是動物也無法適應。思及此，一個人如果能終其一生對自己的另一半忠貞不二，即使是死後也值得尊敬。

放棄讚美那些不適當的行為，放棄一切通姦行為，放上孩子吸吮母親乳汁的形象，是世上最值得尊敬的方式。

有關女人適不適合做那回事的論點，雖然許多人都談過，最好還是根據自己地區的習俗。印度強烈禁止或限制和寡婦交歡，當我們理性檢視，可以了解其中沒有禁止的理由，甚至與寡婦行歡還有很大的益處哩！因此，如果寡婦已經拭去了她的傷悲，而她又還年輕，當然可以做愛做的事。

很多地方都有這樣的習俗丈夫死後，女人必須三年不能碰男人，如果可能的話，因為這是一個好的習俗，必須

遵守。

據說在一些行為體系中，寡婦是不潔的，她們做的食物不可以吃；然而，這是由毫無慈悲心的婆羅門所傳播的說法。在古印度時代，當一個女人的丈夫死了，她也要跳到火堆裡去殉葬。如果沒有這樣做，她會被視為是一個活的死屍。寡婦不潔的來源不過如此而已。

人的身體內部都是不淨的，外部則是皮膚。把人分為乾淨的或是骯髒的，是源於非佛教徒的觀點。

再者，有許多關於相同血統的親戚不得結為伴侶的解釋，除了某些個別地區的習俗，從單一的論點很難決定何者適當、何者不適當。然而，與他人的妻子交歡，無疑是一種破壞友誼、激起對立和爭端的根源。這是一個不好的、羞恥的行為，會為今生與來世帶來痛苦，好人必須像避開傳染病一般遠離它。

在《愛經》裡解釋道，當一個人的丈夫到遠方時，其他人就可以和他的妻子做愛。但是因為不久後可能生下小孩，這會帶來像上述的麻煩，所以最好是避免。

巴巴拉雅（注8）的門徒說，與他人的妻子通姦並沒有錯，如果她不是婆羅門或上師的妻子——這是不知羞愧的謊言。大多數短文的作家都是婆羅門，他們都是這樣寫的。如果一個有見識的人挑戰這種以神聖包裝的虛偽作品，真相就不難明白。在《時輪密續》中說得很清楚，婆羅門對他們的妻子有一種惡業深重的鄙夷傾向。

在許多國家，伯叔嬸嬸同住一起，兄弟姊妹共處一室，或是同父異母的兄弟姊妹住在一起。那些國家的社會同意他們流傳自己的血統，認爲是一種好的習俗。

初潮青春

第三章

初潮月份

　　對年輕女子採取激烈的方式，會使她的的私處疼痛而且受傷，可能會造成以後生產的困難。如果時間不恰當或是可能對她造成危險，在她的腿間摩擦就可以，這樣也會射精。在許多地區，人們習慣這麼做，這可以加速年輕女子的成熟。

　　將手指塗上軟膏，找個柔軟舒適的點，每天撫弄她的陰唇刺激她的情慾，慢慢的再放進陰道內，最後陰莖就可以順利進入。當對方是個成熟的女子，將陰莖抹上奶油慢慢的插入。如果陰莖在腿間摩擦，陰道會很自然的變得美好而成熟。有關其他練習的方法，在我們的國度中無此需

求，我就此略過不提。

如果一個女子的初經在第三個月來，一般說來，她雖然會受到所有人的尊敬，但她也會很快和丈夫分開。

大部分初經在第四個月來的女子，都有純淨的心靈。她們的行為良善，丈夫疼愛。她們的宗教信仰和命運都會很好。

初經在第五個月來的女子會很幸運，她的身材將會美麗；她會有膽識、有知識，也會遇到一個有見識並愛她的丈夫。

初經在第六個月來的女子，將會有病苦之危，而且會因此失去她的孩子。但是她會受到愛的保護，而且經常實踐善行。

初經在第七個月來的女子，不會有性愛的滿足感。她的孩子都將早夭。但是據說只要她皈依納迦神（Nagas），結果就會相反。

初經在第八個月來的女子，將會經歷極大的痛苦。據說會得到許多不同種類的病痛，而且會貧病厄運而死。

初經在九月來的女子會尊敬她的丈夫，會有許多孩子，有些會早夭。但是她的財富不會短缺。

初經在十月來的女子，會看到她母親的家道中落，但只要和她的丈夫在一起，她會得到榮寵、快樂和安逸。

初經在十一月來的女子會愛她的丈夫，會尊敬清淨的出家人。她會依循正信的宗教之道而生活。

初經在十二月來的女子擅長於做家事，她的勤勉是很明顯的，而且她也知道情慾的藝術。她的丈夫疼愛她，所有人都尊敬她。

　　初經在第一個月來的女子將會非常的富有。她擅長所有的戶外活動。她會護持出家人並義助親戚。

　　初經在第二個月來的女子會非常快樂、安逸和富有。她會在宗教上實修；她的丈夫疼愛她，並會有許多兒子；他們都會非常有成就。因為阿鳩那（Arjuna）誕生在這個月，被認為是十二個月中最好的月份。

　　以上是年輕女子的初經在特定時間，對她命運有不同影響的解釋。

成家時機

　　男性在十六歲時進入青春期，在二十四歲的時候發育完成。女性在十三歲時進入青春期，十六歲時發育完成。因此，男性在二十四歲、女性在十六至十八歲時適合從事性事，他們在那個年齡應該成家。如果一個人等了很久或超過這些年齡還沒成家，據說會有很多病症產生。如果男人過早從事性行為，會喪失能量並且老得快；如果女人過早從事性行為，據說會阻礙成長。這不是我編造的，我只是解釋那些已經經過老年男女的經驗所證實的。

　　無法滿足慾望的痛苦，有如日夜焚燒骨髓一般，雖然

對一個年輕人來說這個痛苦很大，他的長輩們對此卻像無事人一般。女孩們因為受到父母的保護和約束，慾望的痛苦更是難以計量。因此當他們到達合適的年齡，男人和女人必定要找個方式住在一起。

一個熱情的年輕女子對男人的需求，不亞於一個口渴者對水的渴求；一個熱情的男子對女人的渴求，也不亞於一個飢餓者對食物的需求。父母嚴厲禁止，無異將他們置於黑暗的洞穴中；以嚴格的法規束縛，無異將他們置於湯鍋中。

如果一個人的自制力還不夠，情慾就像是一條長河，雖然被水壩截住，仍會決堤。因此，如果自制有如強徵不樂之稅捐，那就好像要推巨石上山一樣。

與伴侶為偶——是前世的業力所帶來的，若能以愛相待，並棄絕猜忌和通姦，就是最好的倫理了。當身體機能已經遲鈍、心智變得平靜以後，當頭髮已經灰白，那時再來過宗教的獨居生活，一心向道，這將是最理想的。因此，只要他還具有野馬一般的感官，具有進入情慾殿堂的能量，雖然他縱情於情慾，聰明的你又怎能說他是錯的呢？

靠個人的勞力過活，符合好的教養，
經常與妻子分擔家務並控制情緒，
有朋自遠方來與他共享美好時光，
一個聖者已經在自家中得解脫了。

第四章 愛液精髓

　　人體的精髓是血液，血液的精髓是再生體液（精液）。身體的輕安、心靈的潔淨等，大都是依賴著這些精髓。如果因為體內病菌以及性濫交，導致再生體液感染的傷害，這個男子的家族血脈將因此終止。這樣的父母不會生小孩，即使生了，小孩也可能夭折；即使小孩沒有死亡，也可能會有生理上的缺陷。因為這樣，小心從事這類事情還是有必要的。

　　很清楚的，如果透過撫弄和摩擦形體，它的精髓會隨之產生。例如，兩朵雲碰在一起，隨即產生氣流而降雨；兩根木頭摩擦生熱，火苗很快就會竄起。同樣的，牛奶的精髓是奶油，但是一開始，它只是混在牛奶裡，把它注入容器經過攪拌，會產生溫熱，隨後它的精髓就會分別出來。

同理，血液的精髓是再生體液，最初它只是溶解在血液裡，但是經過男女性行為的攪拌，情慾的能量在血液中產生溫熱，再生體液就像奶油一樣，自然產生了。

七滴食物的精髓在人體中產生一滴的血液，一杯血液精髓只產生一丁點的再生體液。

女人的月經來後，她身體的能量降低、肌肉軟而鬆弛、皮膚變薄，她的感覺極為敏銳，到老的時候，皺紋會特別多。然而，男女之間的身體，其外部構造並無不同。男人所有的，女人無一樣不有，即使是陰莖和生殖腺，女人也有，只是隱藏在生殖器內部。男人聚集在其生殖器根部的皮膚，在女人則是陰道兩旁的陰唇。陰唇底下有一個小小肌肉，手指般大小（陰蒂），當情慾升起的時候，會漲起變硬，與男人的陰莖無異。如果用手指去刺激它，女人的情慾會很快被激起。在交歡的時候刺激它，性的渴望會更加強烈。

陰囊分成兩半，有左右睪丸，在女性則是陰道內兩邊的卵巢。同樣的，男人的腹部也有一個子宮，它是促成少年成長時胸部發育的因素。在陰莖的中間有一道切縫，在女人則是閉合性器官的那條線。

據說在包含波斯的印度河谷（Sindhu）羅堤雅那（Lotiyana）地方的女人，她們的性慾非常強，這是舉世聞名的。她們的陰蒂很大，甚至還會從陰唇外露出來。有些女人還會和其他的女子做愛，它的大小幾乎有如男人陰

莖一般。她們當中有些人的陰蒂很明顯露在生殖器外。

大體上西方的女人是美麗的、卓越的，比其他人種更有勇氣。她的舉止粗率、臉孔像男人，甚至嘴邊還長有髭鬚。她無所畏懼，只能以激情馴服她。在做愛時會吸吮男人的陰莖，眾所皆知，西方女子也會吞嚥精液。她甚至和狗、牛以及其他的動物性交，甚至連父親、兒子也不忌諱。她會毫不遲疑的和男人走，只要能給她性快樂。

一些大陰蒂的女人有兩種性徵，可以隨時變換性別。另有很多女人，在體型上做一點改造，就變成一個男人。同樣的，一般都熟知，有些男人陰莖大幅縮回體內，變成一個女人。

不論是誰的妻子，只要她的性慾強盛，他的家族一定是男丁興盛。因此，想要有男孩的人就要選擇性慾旺盛的女人。

舉個例子，有一種能治療疤痕的秀芒草，它柔軟而枯乾，當它浸泡在水裡的時候會變硬而且膨脹。就像這樣，當血液聚集在一起的時候，男女的性器官就勃起而且漲大。當私處產生喜樂時，心的注意力會集中於此。因為這個原因，能量和血液匯聚在陰莖之中，陰莖隨之勃起。

男人的性慾是清淺而易於被燃起的，女人的性慾則是深厚而不易被燃起的。因此，如果要刻意地撩撥起女人的性慾，有許多不同的方法。一般說來，性慾升起的時候，陰唇和內在神經、陰道口左右兩邊的肌膚、子宮口以及乳

房都會升起而漲大。當男人的性慾升起的時候，整個陰莖、陰部、有長毛的地方都會產生喜樂。主要的神經就在陰莖的前端。

女人的喜悅非常廣闊且無法辨識。她們身體各處都能感到歡愉，在肚臍下部、大腿上部、陰道內部、子宮口、肛門，以及臀部周遭。簡單說，女人身體下半部的裡裡外外都擴散著喜樂，一旦她感受到這種喜悅時，一般而言，女人的整個身體就是一具嬌柔的器官。

所有的體系在解釋女性是否有射精的觀點都不一致。在《難陀入胎經》以及寧瑪新譯學派說法中，認為女人是有再生體液的。巴巴拉雅大師的信徒解釋說，從性愛的開始到結束，女人都會釋放出體液。因此，有人認為如果計算性快感，女性是男性的一百倍。然而，有些人卻認為女性因情慾流洩出來的分泌物被誤會是再生體液。

心的能量聚集在何處，感覺器官的神經就會移聚在那裡，藉此，內在的體液會擠壓而射出。當我們想到可口的食物時，唾液會流下來；當緊張窘迫時，汗水會流出來。當情慾升起的時候，陰性的體液會翻騰。當快樂與悲傷的時候，眼淚會流出來。因此，當情慾或是哀傷等情緒升起的時候，在心中，如果情緒中止了，這種阻礙並沒有錯，反而是好的。然而，當非常強烈而有力的感覺升起的時候，如果被驟然停止，這個力量會跑到充滿活力的氣囊中像是心臟等。從外觀看來，這就是為什麼那些獨處的人看起來

生氣蓬勃的原因。

即使女人有再生體液，它並不像溶冰一樣慢慢融化釋出，也和男人於瞬間大量放射的方式不同。因此，女人不會像男人一樣在射精後立即得到滿足，然後慾望消退。而且，在射精之後，如果繼續撫弄她，女人不會像男人一般感到不快。有一個女人說到，當女性體液慢慢分泌，陰道變得濕潤，敏感和喜樂會增強。在這種情況下，認為女人的性快感比較強烈，在這點上，或許巴巴拉雅是對的吧！

庫瑪拉普特拉（Kumaraputra）大師說，有關男女之間放射體液一事並無不同。然而，今日大多數有見識者或女學者認為女性並沒有再生體液。因為我喜歡討論下半身的問題，我問過許多女性朋友，但是她們除了害羞的對我笑著搖搖手，沒有一個人能給我真誠的答案。雖然莎拉娃蒂女神和度母（注9）會老實的說，但是她們卻無法提供答案，因為她們是超越這個世間的。當我自己檢視，女人是沒有再生體液的，但是她們有分泌物。不論它們是體液還是氣，一個有經驗的男人如果檢驗的話，他會知道的。

在每次交歡的時候，女人都會有快感。當一對伴侶做愛多次，第一次男性的性慾特強，會很快射精。然而，女人正好相反，據說第一次她們的性慾比較無力，接著才會慢慢增強。因此，男人必須忍精一段時間，讓他的陰莖堅挺不垂，帶給女人性高潮。這些都是女人們的私房話。

據說女人高潮的感覺就好像身體某處發癢，正好手指

搔到癢處的滿足感。然而，眾所周知，女人在性愛的時候，她的喜樂超過男人七倍。當男人射精之後，性慾就消退了。女人是在性慾消散以後，喜樂才算完成。因此，做愛多次對男人的身體是很消耗的，但是對女人的身體卻不造成同樣的傷害。因為女人的陰道和陰唇是裸露的肌肉，喜悅和疼痛都很劇烈，碰到它就好像碰觸到傷口一般。

　　因此，雖然男女間產生性快感的方式有很大的不同，但是以個人的經驗而言，誰也不能對別人說：「這就是了。」

第五章

異地之女

　　阿雅拉迦（Arya Rajya）地區的女人似乎對圖畫很有
興趣；在擁抱和接吻時，她們十分擅長於旋轉運動。

　　印度河谷（Sindhu）的女人做愛時，吸吮男人的陰莖，
藉此她們體驗極大的快感。

　　拉塔（Lata）地區的女人叫喊、呻吟，她們是狂野而
情慾熾燃的類型。當交合的時候會大聲發出「喔」的叫聲，
據說在三座籬牆之外都可以聽見。

　　剛達瓦（Gandharva）的女人白皙、身材中等，她們
的大屁股把陰道都閉合了。她們喝顏色美而有香味的啤
酒，以談論性話題打發時間。

　　德拉維達（Dravida）的女人，每當交歡前，陰道都會
流出白色的分泌物。

高達（Gauda）和卡瑪盧帕（Kamarupa）的女人非常放蕩，據說男人只要碰到她們的手，她們就跟他走並給他快樂。

古迦拉特（Gujarat）的女人有一雙游動的眼睛以及瘦弱的身子。她們的乳房很大，頭髮像花兒一般。她們的內心和外表都充滿著情慾。

雅瑪城（Yama）的女人，性器官不時有發癢的感覺升起，因此渴望男人與她做愛，並用木製的陽具。眾所周知，在一些只有女人的地方，她們都用這種方式做。

康卡納（Konkana）南部地區的女人，不知道自己的缺點，只知道數落別人的不是。做愛時又咬又捏，但是男人如果這樣做，她們會對他嘲弄指責。

安卡孟加拉（Angabhangala）和卡林噶（Kalinga）的女人是性慾女王，做愛時又咬又捏，還喜歡被用力壓。她們是那種不管做多少次都不滿足的類型。她們常用皮革做成的陽具。

除了巴達里普特拉城（Pataliputra）之外，在剛噶河（Ganga R.）和雅穆那河（Yamuna R.）岸中央地區城市的女人有貴族血統，她們溫和，即使在做愛的時候要她們接吻也是困難的，她們認為咬和捏根本就不應該。

瑪哈拉席特拉（Maharashtra）西區的女人是情慾如火的類型。當交歡時，她們又喊又咬，用盡了六十四種情愛藝術。她們喜歡不同方式的性愛，用不尋常的姿勢產生

特別的滿足感。她們用嘴巴吸吮男人的陰莖，而且在他們身上留下齧咬的傷痕。

儘管巴達里普特拉城的女人屬於熱情如火的類型，但她們並不直截了當，會佯裝沒興趣。她們總是祕密的進行性愛活動。

旁遮普（Panjab）、馬拉瓦（Malava）、和巴哈尼卡（Bahanika）南部的女人喜歡擁抱和親吻，據說她們做愛的時間要很長。

巴里卡（Bahlika）的女人是貪婪的。她們左擁右抱，吻著一個又和另一個做，據說他們還同時和五個男人一起做呢！

在維達巴（Vidarbha），親戚不保護她們的女人。她們和所有的人做，不管適不適合。

薩柯塔城（Saketa）和邵拉沙那城（Saurasana）的女人全都習慣口交。因為如此，似乎沿著全德拉巴迦（Chandrabhaga）河岸的女人大多有口交的慾求。

阿哈拉（Arhara）的女人在交歡的時候，陰道口總是緊閉的，她們是以母馬的姿勢做。

在邵拉（Chaula）地區，性愛是很狂野的。她們以打、擊和咬等瘋狂的習慣做愛。很有名的例子，一個叫希塔姍娜的女子被打得遍體鱗傷而亡。

在北印度阿巴拉柯塔王國（Aparataka）的女人不安於室，而她們的外遇期間並不長。

康巴加利（Kembajali）的女人能夠運用自如的開合陰道，極為在行；就算男人的陰莖很小或是不舉，她們也能給予完全的快感。大體而言，此地的男人在遺傳上身材和性器官都很小。

蘭卡（Lanka）的女人膚色略帶藍色，腰部曲線玲瓏，雖然她們的陰道寬鬆，但她們擅長性愛姿勢的藝術。在交歡的時候用雙腿纏著男人的脖子，享受性愛的愉悅。

昆蘭塔（Kunlanta）的女人粗壯有力，她們有堅硬的乳房和陰道。

蘇瓦納（Suvarna）的女人有美麗的臉孔，做愛時總是昏昏欲睡而不想動，像個僵屍。同樣的，東南部地區的女人只享受微不足道的性歡愉。

卡碧拉（Kapila）和烏迪雅那（Udiyana）的女人是有魅力的類型。她們的陰道如火一般的熾熱，伴隨著分泌物沸騰。因為慾火難耐，她們總是用最瘋狂的技巧。

在庫魯（Kuru）和肯亞庫巴（Kanyakubja）地區，以及七瀑河（Seven Falls R.）西角庫薩（Kusha）的回教王國，據說那兒的女子美麗動人，令人驚艷。

喜馬拉雅山融雪的水從山頂石頭上流下，喝了此雪水的女人帶有蜥蜴王的精髓，有如火般的體液。

以上大多是《愛經》所提到的，敘述的地區只限於印度。而且，這些都是較為老舊的習慣，今天不一定如此。蘇瓦納那巴（Suvarnanabha）大師解釋，因為人類的傳

承聚集在城市中，不同女人的個別習慣會互相學習，因此它們會不斷的改變。然而，每個地區人們的個性幾乎類似，這點是可以肯定的。

這些地區女人的習慣可以和西藏的女人做個聯想。但是因為我只認識康區和藏區的女子，對於其他地區女子的詳情我一無所知。康區女子肌膚柔軟，非常親切；藏區的女人擅長做愛技巧，她們非常熟練的移動到男人下方。

以上有關西藏女子的簡單描述，是為了號召其他地區熱情的人加入這項工作。關於安多、康區、中藏、藏區、那里等地區，女人躺下、移動的技巧，都有待知識淵博而且經驗老道的長者來補強。

第六章 交頸相擁

假使像個恐懼的小偷在偷吃，夫妻間在黑漆漆的床上只是輕聲的、溫文的耳鬢廝摩一番，然後就洩了，這不算是完全的性愛遊戲。因此，多情男子與女子必須要知道六十四種情愛的藝術，它會帶來喜樂的滋味。這些滋味的不同有如糖漿、牛奶和蜂蜜。女人如果深諳情愛的形式，就能使男人瘋狂，在做愛的時候迷戀她，這稱作最棒的女人。

六十四種情愛的藝術，共分成八大類，每一類又分成八種。這八類是——擁抱、親吻、捏與抓、咬、來回移動與抽送、發出春情之聲、交歡的方式、角色轉換。用舌尖吸吮、拍擊、愛撫，有無數種不確定的行為，像是口交，它們是特別熱情男女的行徑。

八種擁抱方式

(1)找個藉口搭訕，故意碰觸初相識者裸露的肩膀——像是在狹窄的通道，或是撿起或放下物品。這稱作**碰觸**（touching）。

(2)在一個單獨的地方，她從背後以手腕繞住男人的頸部，並用乳房去碰觸他。這稱作**透入**（piercing）。

(3)用狂野的藝術帶點輕率的情慾，男方將女方壓靠到牆邊，輕咬她的臉頰與肩膀。這稱作**緊抱**（pressing）。

(4)女方將兩手環抱男方的脖子，當兩人的腹部相貼時，男方抱緊女方，並把她舉起來。這稱作**愛情鳥**（twining creeper）。

(5)女方將一隻腳放在男方的腳上，另一隻腳纏在他的腰上。她的手把他的頭搬向下，她們相吻。這稱作**爬藤**（tree-climbing）。

(6)他們互相腿貼著腿，她把乳房挨著男方的胸部，輕搖著上身，並深情的注視著他。這稱作**風拂椰樹**（wind shaking the palmyra tree）。

⑺慾火燃燒如焚，他們站立或是躺下，擁抱之後，女方將下半身對準男方，結合在一起。這稱作**旗正飄飄** (form of a fluttering flag)。

⑻雙方都已經被慾火吞噬了，他們胸部黏著胸部，私處貼著私處，裸裎在床上，纏綿擁抱。這稱作**水乳交融**（mixture of water and milk）。

透過這些方法激起情慾，
女人解開放下她的秀髮，
親吻並愛撫男人的寶貝，
變成一頭滿願的許願牛，
摒棄一切的偽裝和害羞。

第七章 雙唇互吻

八種親吻的藝術

(1)男方與女方先前已經認識，雙方再度相會，最先以愉快的臉頰互相碰觸、輕吻對方。這稱作**喚醒之吻**（mutual acknowledgment）。

(2)女孩的臉龐是害羞的，男方輕捏她的脖子、親吻她的耳朵和她的頭冠。這稱作**最初之吻**（initial kissing）。

(3)一個年輕女子為情慾之酒以及害羞之蜜所陶醉，給她一個吻，顫動她那欲閉還張的唇。這稱作**悸動之吻**（throbbing）。

(4)女方換一個方位，以唇和舌撫吻男方的身體，這是顯示已經興奮起來的徵兆。這稱作**慾望之吻**（sign）。

(5)由於情慾的悸動移開眼睛，以臉頰撫摩對方的鼻子，親吻，把舌尖伸進對方的口中輕輕摩娑。這稱作**水車之吻**（waterwheel）。

(6)在男方吻遍女方之後，隨即女方以同樣的方式回吻。這叫做**上唇之吻**（after-kiss）。

(7)女方躺臥，男方親吻、吸吮她的腹部，並用臉頰摩擦她腰部的凹陷處。這稱作**寶篋之吻**（jewel-case）。

(8)陶醉在激情之中，感到不滿足，女方親吻他勃起的陰莖。快樂的力量噴射出來，帶著陶醉，她吞下精液。這些是最快樂的八種親吻方式。

耳朵、頸部、臉頰、腋下、嘴唇、大腿、腹部、胸部和私處——這九個敏感帶是親吻的地方。根據你的判斷決定它們適不適當。特別是從胸部以下到膝蓋之間，只有透過性愛的撫摸才會舒服溫順。

簡單的說，身體通常不被他人碰觸的部分很敏感。據說這些部位會產生熱度和濕氣，肉體有洞且長毛的部分就

是情慾的門戶。

一再地注視這九個部位。輕咬它們，撫摸、吸吮這九個地方。根據你的判斷決定適不適當。

再者，因為體液在身體內各處日夜流動，據說，那些部位在特定時間被吻到或是碰觸等，情慾會增強。陰曆的十六日從黎明到午夜，體液精髓停留在頭頂。同樣的，第十七天它停留在耳部，第十八天停留在鼻子。從第十九天一直到月底，它逐日地移動，從嘴巴、臉頰、肩膀、胸部、腹部、肚臍、腰部、陰部、大腿、膝蓋、小腿、到腳的上半部。同樣的，在每月的第一天，它移動到小腿，第二天到膝蓋，第三天到大腿，逐日移動直到第十五日它遍及整個身體。

最初親吻肩膀，

然後是腋窩，

接著慢慢游動到腹部。

如果要激起情慾、或是淘氣，

親吻大腿和私處，

最後再引水入渠。

十指愛痕

發出一些淫蕩的聲音、大笑、喊叫，彼此掌摑、互咬、用力捏，從頭到腳交替做，這稱作男女情慾交戰。狂喜的咬、用力的抓、找到機會粗暴的進入，這是叢林中野獸自然發洩性慾的方式。

八種揉捏的愛痕

(1)在準備交歡的時候，愉悅的臉龐已經展現了；呻吟和淫叫聲發出了；他的手環抱她的腰，在她的胸部留下如米粒般的捏痕。這稱作裂絲（like-scratches）。

(2)先用舌尖從她的陰道口上滑向肚臍輕舔，再用拇指

背輕輕撫摩，這會讓女方覺得酥癢難耐。這稱作**長痕**（long line）。

(3)燃燒的情慾帶著泛紅的臉龐，像個征服者一般擁抱她的胸部、貼著她的乳房。彼此以指甲輕撫對方的背部，從上到下慢慢移動。這稱作**虎印**（mark of a tiger）。

(4)女方以手掌壓擠男方的陰莖，拇指輕壓；其餘四指在根部繞圈輕撫。這稱作**圓圈**（circle）。

(5)男方用手緊握她的大腿和乳房，並用四隻指甲捏它。且不時地在她的肩胛處摩擦。這稱作**半月**（form of a half moon）。

(6)用手指在她的乳頭和私處撫壓，並用拇指甲用力捏，留下四指印痕。這稱作**孔雀足**（mark of a peacock's foot）。

(7)非常陶醉的抓捏對方的背部，並用四指背輕撫。一方做完後，另一方鞠躬致謝，換對方做。這稱作**兔躍**（marks of a jumping rabbit）。

(8)在肩膀上、兩個肩膀中間、胸部、腹部，用五指的

指甲抓，留下深而紅色的指甲痕印。這稱作**蓮瓣**（lotus petals）。

在大腿上、背部、胸部捏出紅多多的指甲印。在腋窩下、龜頭、陰莖、陰道等處用伸展的手指去搔癢、感覺，不要捏受傷。也有一說有時在肩膀、頸部、肩背捏傷也不妨。據說直到傷痕痊癒消失了，愛慾的喜樂之情還在心頭蕩漾呢！

揉捏的目的是克服畏怯，分散注意力，釋放身體的騷癢，以及傳達內在強烈的情慾。據說如果雙方激情地以指尖捏對方的胸部和私處，稍後兩人分手之後，這會成為一個無法忘懷的印記。有人認為這就是為什麼女人額頭上會留下橘紅色印記的理由。

一見面先捏她的頸部和肩膀。準備進入她體內的時候，揉捏她的乳房。進入時，捏她的背和腰。射精的時候摩擦她的背脊。只要他對裸裎的她不感到害臊，只要他如鯁在喉的慾火還沒有止熄，只要他的精液已經準備噴出，這時候咬她、捏她。當男方即將射精時，女方只要用力捏他的耳朵上半部，他立刻就一發不可收拾。有時搔他的腋下也可以達到同樣的效果。捏的動作變成一種習慣之後，性愛中沒有它就無法滿足。在某些地區，熱情的女子對於指甲的抓捏有強烈的慾求，性愛中如果沒有咬和捏的動作，簡直就像沒有吻一般乏味。

第九章 輕咬歡愉

雙方會面之後，當情慾增強或是準備要交歡的時候，他必須要壓、推，以掌輕拍她，拉她的頭髮、咬她。

八種輕咬的藝術

(1)隨著身體的激情以及發出叫聲後，他吻她的頸項，以上下齒輕咬她的下唇。這稱作**小點**（dots）。

(2)熱烈的吻，牙齒碰觸，並用牙齒咬她的嘴唇，稍後會留下紅腫的印記。這稱作**紅腫**（swelling）。

(3)臉貼著臉，兩人情話綿綿。兩只精巧的齒印留在下

唇與下巴之間。這稱作美味小點（drops of ambrosia）。

⑷在臉頰和肩膀上留下咬痕，就會出現串連的小紅點。這稱作**珊瑚**（coral jewels）。

⑸將裸裎的她壓在枕頭上，注視著她的身體，從上到下，並咬她肉體的每一部分。這稱作**串連小點**（series of drops）。

⑹以陶醉和渴望的熱情，在她的乳房上、背上、臉頰上一次又一次的輕咬，留下一齒疊上一齒、朵朵如雲的印痕。這稱作**朵朵雲**（pieces of clouds）。

⑺兩嘴緊密結合，用舌頭和嘴唇用力吸吮對方，並在齒間輕咬。這稱作**花囊**（anthers of a flower）。

⑻以那樣的方式，強烈的情慾已經燃起，將嘴游向她的臉頰、腋下和肚臍下方，用下齒輕咬並向上摩擦。這稱作**白楊根**（poplar root）。

美妙的、微笑的、適時的，
變換各種方式；
像魔術師的創作品，

讓那非凡的女子，
泛紅的臉龐上綻放笑容，
熾熱的血液裡熊熊燃燒。
這稱作一囊袋的情慾。

交合之法

第十章

一看到年輕女子乳房上的指甲印痕，或是看到男子身上有女子的齒痕，即使是皇后也不由得顫抖起來，她的矜持立即消逝無蹤。

有人認為，一個女侍者唇上受傷的血痕，她身上留下熱情男子激烈的指甲痕，可以蒙騙女主人。據說即使是送鮮花、水果、糖漿、物品等等，如果以齒痕或指甲的印記封緘，將立刻激起她的情慾，打動她的芳心。

畫下野生動物在南達卡拉（Nandakaras）的樹葉上交歡的圖畫，在獨處的地方偷偷拿給她看。據說就是公主的芳心也會被擄獲。

在印度一些地區，還看得到有些女人在下唇留下咬痕一般裝扮點印記。有人說情慾的痕跡，正是女人最好的裝

飾品。

這種來自男女的性慾不需要抗拒，它的本質覆蓋著一點羞怯；如果人們稍作一點努力，它的本質就會完全赤裸的呈現。例如：看一張裸睡女子的畫像、看馬或是牛的交配、寫或是讀一些情色文章、說一些情色故事等等。

即使年華已經老去，只要熱情還不消退，體內的通道依舊順暢，體液仍然溫暖；因此身體內外神勇如昔，不曾稍減。

俱生喜樂並非人造的而是自生的，但是世上的每一個人都帶著虛偽的面具。因此當男歡女愛的時候，彼此都應該放下所有的習俗和面具。

誰能夠分辨身體的上半部和下半部何者為垢，何者為淨？用什麼來歸類身體上下半部的好壞？誰又能說對上半身滿意、把下半身隱藏是一個好行為？

> 河流增加了一個地方的美麗，
> 偏見的刺卻是唯一的病根。
> 不必禪修也可以去除偏見，
> 普通人都有性愛的喜樂。

> 只要看著或是愛撫著女人的香肩、乳房和私處，
> 任何一個人他堅定的心念都會被瓦解，
> 以致他的精液沒有不流洩的。

我將向你們展示一個地方，
在情慾的芳香之家；
像菩提樹的成熟葉形一般，
沒有刺毛，只有濕軟和平滑。

一個男人變得有多熱情，一個懂得技巧的女人就會以同樣的熱情摸他、抱他，向他展示乳房，並使他陶醉得文字都難以言傳；她會呻吟，不斷不斷的親吻，而男人則對準她的胸部和下半身，擁抱她。以完全陶醉的形式，裸裎相對。拋棄所有的羞怯，以燃燒的熱情、性感的臉，她看著他怒舉的陽具，用手撫摸它，讓他醉倒吧！

啊！喜悅之王給了世上的女人一條生命的道路。
以生命的力量祈願情愛的漩渦能夠穩定而堅固。

在寶盒中充滿著這年輕女子
裸裎的下半身肉體，
生來即為了展示並給予喜樂，
安住在所有喜樂的本質之中。

把做作的花朵丟在腦後。
把猶疑的植物像鳥食般扔了。
羞怯的母魚已被母烏鴉抓走。

不管你是什麼，你只活在此刻。

看著在花弓上引滿的慾望之箭，

寶鑽充滿著美味的牛奶，

帶著如紅珊瑚般的顏色光滑油亮，

即使是天神之女也會因此而墜落。

僅僅輕輕觸摸就算是品嚐了美味，

進入則如嚐到可口的糖漿，

摩擦和衝刺是眞正吃到了甜美的蜜糖。

喔！給我這些可口甜蜜的滋味吧！

它微微隆起，像龜背一般，有個小口──門被肌肉閤上──蓮花入口被情慾的溫暖燃燒，陶醉著。看這個微笑的小東西，帶著情慾體液的光彩。它可不是帶著千百花瓣的花朵，而是一個充滿著情慾體液的甜蜜小丘。是紅白菩提相遇所粹煉的精華汁液，自生的甜蜜滋味盡在其中。

在頸項上戴上閃亮的黑色鑲綴，在指腹上戴上一枚戒指，如同耳環一般，在腿上戴上飾環。男人就會和他的女人一樣，有相同的舉止了。

搖晃著柔軟的乳房、美麗的胸部，以健康的四肢、結實的下半身肌膚，展現一個年輕的身材。女人的身體是可口的蜂蜜。

清晰的看到那令人陶醉、垂涎欲滴的蓓蕾，在她豐滿

的大腿間。像一頭發情的公牛般穿透她，吹皺慾望之池。搓揉那熱情女孩的乳房，她那曲線優美的腰，行動敏捷像條魚一樣，在情慾之湖裡悠游，即使是身體的微小細胞也變得喜悅、快樂。

第十一章 挑情愛撫

　　一見面之後，就猴急的直接進入，一碰觸就洩精了，這是狗喘不過氣的方式，一點樂趣也沒有。

　　性慾的熱火強烈燃燒，渴求進入情慾的聖殿。躺著美麗女子的床正是為喜樂而設置。

　　將右腳放在男人的肩上，讓乳房和陰部清晰的呈現，以潮濕的手掌拍打自己的私處中央。接著像巫師們的神祕短劍，總是有許多神奇的方法，以各種激情的形式盡其所能的在蓓蕾私處上戲要，這正是激起快感的器官。

　　以妳的左臂緊抱著男人的頸部，不斷的吻他。伸直右手握住他的陰莖，好像擠牛奶一樣的上下擠弄它。

　　同樣的，以雙掌包覆著陰莖，輕輕拉它並左右轉動。握住根部輕輕搖動，拍打腿部。

在兩人腹部擠壓的時候，摩擦他勃起的陰莖，有時把它夾在兩腿間，並在陰道口摩擦。

把陰莖放在手指間，以充滿無限慾情的眼光注視著它。一把握住他的陰囊，並不斷撫摸他下體的快感區。

用手撫摸他的臀部，用他的陰莖碰觸摩擦妳的腹部、肚臍、喉部、乳房，以及其他能引起妳興奮和發癢的區域。用乳頭和指尖觸摸龜頭前端的洞孔。如果他特別陶醉而且激起性慾，用舌頭舔弄吸吮它。

用妳的手指在根部刺激他的性慾，用妳的手輕輕的把他的陰莖帶入。一次又一次的，先只在陰道口進出，接著再讓它進入一半，又拿出來，一次又一次的。

因為它給了一個優良的血脈以及歡愉的喜悅，因為它是生命的本質也有俱生本尊的特質。據說在歡愉的時刻，即使是輕微的禁止陶醉行為，也是罪惡的教條。

當女方的性慾被挑起而且高於男方時，如果在此時進行交合，喜樂的力量仍在，無疑的，此時會懷男孩。

不論什麼樣的女人，
以蓓蕾小口（陰唇）強化自升的寶柱（陰莖），
取悅偉大的賜予喜樂之女神。
她將得到榮耀、財富，以及最優秀的男孩。

第十二章 送往迎來

　　兩人的心被情慾激盪著，他們泛紅著臉，不再害羞的對望著。她用手扶住他的龜頭進入陰道中。只有頂端部分進入，再拿出來，一次又一次。接著把陰莖送進去一半，再拿出來，一次又一次。最後再整個塞入並且頂端向上，持續一段時間。

　　她的腿部上抬，用腳推男人的臀部，膝蓋碰觸他的腋窩，用大腿和小腿纏住他向下摩擦搖動。

　　有時陰莖會跑出來，女方用手握住並搖動它，用前三指摩擦它並將它送回陰道內。當他完全進入以後，她溫柔的搖動他的陰囊，並用兩根手指輕壓陰莖的根部，然後再搖動臀部，在陰道內旋轉它。

　　經過兩三次的抽送後，不斷的搖動陰莖，並用柔軟的

布擦拭頂端，經過這樣以後它會變得非常堅挺。有時候可以用布擦拭一下陰道口。保持陰莖根部周圍一點潮濕，在頂端和中央部位則不斷的擦拭。想要分享性高潮的女性朋友們必須學會這些典型的要領。

接著，當性慾熾燃的時候，男方要居於下位。好像魚繞著魚一般，他們彼此擁抱變換姿勢，從床的這一頭滾到那一頭。

只要有多放縱，就有多感動；只要有多少的投入，就有多少的表現。若兩個人都跨越羞怯的鴻溝，喜樂的本性會變得非常強烈。以你最喜歡的方式，用所有的姿勢去縱情吧！並嘗試不同書本中所描述的一切性愛方式。由於兩人逐漸熟識、信任，不再覺得不安，變得陶醉在強烈的性慾中。性愛時不要壓抑任何事，不要有限制的恣意而為。那些擁有不尋常密會，不適合讓第三者看到或聽到者，經常變成世上最親密的朋友。

以不同的性愛藝術導向陶醉之路，兩種型態的女人——困難型和滴漏型的女人，都應該隨著她們的願望進行大樂之道。不容易改變身心狀態、撩起情慾者，我們稱為困難型的女人；很快就改變矜持並產生女性分泌物者，我們稱為滴漏型的女人。

如果男方太快了，第一次女方不會產生滿足感。因此精力旺盛的男人應該接著做第二次、第三次。或者，當快要射精的時候停止動作，讓喜悅擴散，等到性慾升起時，

再繼續。但是，不管怎麼做，兩次是必須的。

在射精之後，男方不要立刻將陰莖抽出，讓它深深的停留在陰道內，由她去搖動以達到高潮。如果她仍然沒有達到，男方可以用兩根手指伸入陰道內撥弄。

一般來說，在交歡之前以兩根手指摩擦與愛撫她的陰道口是有必要的。此外，一開始可以用木製的假陽具不斷摩擦她的陰部，當她的情慾被激發之後，再進行愛做的事。

在南部地區，這個習俗仍然被運用。當丈夫外出，女人靠假陽具自慰。據說有些富人還擁有金製的、銀製的、銅製的等等。在印度大多數女人只認識自己的丈夫，當性需求很少達到滿足的時候，這個祕密的習俗自然就非常流行。同樣的，一些太監豢養著女人，她們也經常藉助於這些輔助性器。這類故事在我國逐漸增多，《愛經》裡頭對此也提出一些建議。

因為丈夫太快射精，女人可能三年都沒有經歷一次高潮。一個男人如果不知道他的妻子以及終生伴侶的內在體驗，他不如去當個隱士。

簡言之，所有這些情慾論的本質並不是性行為的表現，而是藉著許多前戲激起女性熱烈的情慾。一般認為女性變得激情的徵兆是陰蒂勃起、顫抖、肌肉顫動、興奮熾燃、產生女性分泌物、臉頰泛紅、目不轉睛。如果女方沒有激情的擁抱，男方就急吼吼強行進入的話，這是低等動物的行徑，是大罪過。雖然她懷孕了，也只會是個女兒。

然而，女人是靦腆的，她們總是因爲害羞而不敢大聲叫床。要她們贊同一些性愛的提議是有點困難的。因此，要她們表現得像男性一樣縱情是不容易的。

　　即使是男女間彼此的微笑，如果被認爲是善意的，多少都含有一點性的意味。因此，不必特別去選擇時間的好壞，只要去做了，就是合適的時間。

　　善良的愚人把自己綁在鎖鏈上，不是透過壓抑、不是透過宗敎、不是透過正確的方式、也不是透過誓戒，就這樣過完一生。同樣的，在性愛中那些假裝情慾高張的人，被認爲有如用斧頭砍斷他們的生理結構。

　　女方仰臥，兩隻腳並列，男方抬起她的腿至膝部，然後進入。這稱作**螃蟹式**（crab）。有時，她的膝蓋搖動如大象的耳朵，拍打著男方的側身。有時女方躺臥，保持兩腳交纏之姿，將男方轉至下位，再做。有時男方用衣物綁住女方的腳，有時是女方抓住自己的腿。

　　女方仰臥，前方上抬，抬高膝蓋張開大腿。兩人接吻、擁抱、搖動。這是個簡單的方式，在大多數的地區人們都這樣做。這稱作**仰臥的牧牛式**（cow-herd lying supine）。

　　女方採跪姿並張開大腿，兩手擁住男方的肩膀；男方也採跪姿，兩手握緊女方的乳房，雙方的上身略有距離。這稱作**門戶大開式**（widely opened），注視著她的乳房和私處。

　　男方將一隻腿放在女方的兩腿中，他也將另一隻腿交

纏著女方的腿，如此四腿交疊，雙方都伸展著腿做。這稱作**因陀螺伴侶式**（Indra's consort）。

女方在下，男方從上面來，做吧。
女方騎在男方身上，做吧。
同樣的，雙方側躺，做吧。
有時候不妨從後方來。

坐姿，做吧。站姿，做吧。
頭腳相向以顛鸞倒鳳姿擁抱，一樣做。
同樣的，用衣物將她的腳綑綁懸吊起來，做吧。

八種歡愉的基本姿勢

這八種主要的性愛姿勢，在自家私密的地方，你可以隨心所欲去做。對於不熟悉的環境或可能傷到身體、神經、骨頭、肌肉等動作，不要猛然去做。

(1)女方躺下採仰臥姿，他張開她的大腿並放一個軟墊在她的臀下，讓她的陰戶抬高。女方將腿纏繞在男方的背脊部。男方以堅強之姿直搗女方的最深處，他用兩手抱緊她向下拉，腳趾抵住牆用力向上推，把陰莖完全抽出後，再推進去，根部和她的私處緊緊的黏合。她們嘴對嘴、胸

部互相摩擦。女方緊緊的以雙臂擁抱著男方的背。他不時的搓揉她的乳房，而她不時的搖動他的陰莖。這是熱情男女最究竟的甜蜜。這稱作**蜜汁**（juice of molasses）。

(2)女方俯臥，兩腿併攏。她用力伸展大腿，男方以騎馬之姿進入，她以腿側用力夾緊。如果可以的話，在她的腹部下墊一個軟墊。這稱作**猛力**（powelful）。這是極美妙的、給予性愛的快感。所有熱情男女都熱中這種姿勢。

(3)女方仰臥，將腳後跟置於男方腹部位兩側，她以腳後跟摩擦後，墊地將男方頂起。這稱作**搖擺**（rocking）。
女方以單腳環抱男方的腰，另一隻腳放在他的肩上或頭頂上。這稱作**搖頭**（a waving head）。這種結合很緊密，激情到顫抖。

(4)雙方採立姿或跪姿，上半身互相傾身倚靠，十指交握，碰觸到地面上。這稱作**壓下**（pressing down）。

(5)兩人都站起，私處碰觸，從前方進入再移到後方做。這稱作**站交**（standing copulation）。有時候他背靠著牆，女方輕搖她的私處。

(6)他將女方的臀部放在一張桌上，將兩隻腳放在他的

肩膀上，從前方分開並抬高她的雙腿，直接進入她的蓮心。兩人的性器官將在最根部接觸。這稱作**中空**（nothing between）。它尤其能讓熱情的女人滿足。另一個變化的姿勢是，綁住她的腳踝，將腳抬高到他的背上，如果不舒服，把它們放在肩上。另一個方式是，是男方抓緊她的大腿，並將它們張大分開。一般熟知這用在實戰上相當激情。

(7)男方交腿而坐，些微向後靠，女方面對面坐在他的膝上，兩腿張開。她的雙臂擁著他的肩膀，腳放在男方背後的地上。這稱作**同樂**（partaking pleasure）。女方做抽送的動作。大多時候做擺盪的動作，尤其讓人心神蕩漾。

另一個方式，放一個高的墊子在蹲坐姿的女方臀部，男方將腳跟置於臀部下，用腿側分開女方的大腿，進入她的私處緊密結合。抽送的動作由男方做。據說這個方式也可以帶來極大的快感。

在此狀態下，陰道口緊緊的接合著陰莖的根部，不必抽送，好像掛在樹上的鞦韆一樣，下身只要左右搖盪，龜頭一次又一次碰到陰道深處。這稱作**鞦韆**（the movement of a swing）。許多女人頗好此道，與女子一同體驗吧！

由男方或是雙方共同做抽送的動作，這稱作**搗杵**（the movement of a pestle）。有時，稍微彎曲從側邊抽出，只抽出一半。

(8)像一隻蜜蜂在蓮花的花囊上，在搖動她下半身的時候，用你的雙臂擁抱著她，搖動她的臀部轉圓圈，一圈又一圈。這稱作**輪形和蜂音**（form of wheel and sound of a bee）。

如果你還沒有疲累，體力尚未消失，如果你經過一段時間還沒有達到高潮，你應該做鞦韆的動作，如果那種興奮你還可以承受的話。只有透過搖動和擺盪無法確定一個不很嫻熟者是否達到高潮，但是它能夠搔到重要部位內在的癢處，大多數女人都喜歡這種經典式的姿勢。

一個是外在的感覺器官，
另一個是身體內在的洞孔。
就像肌肉和肌腱的不同，
針刺怎麼會知道傷口被戳的痛！

在緊綁的大腿間找到紓解，
重壓那神祕的門扉，
此處正是三路交會地。
將那帶著紅色珊瑚頭飾、
炙熱的龜頭放入，
在神聖的殿堂中做吧，
把歡樂賜予女人。

八種擺動的方式

(1)兩人的器官緊密相貼一起做，男方左右搖動臀部，陰莖擠壓陰道像攪拌牛奶一般。這稱作**攪拌**（churning）。

(2)有時用一隻手握住陰莖的根部，並將它移入陰道內。它是掃除性愛疼痛的藥方，尤其適合用在滴漏型的女人。首先筆直的進入，在第一回合的衝刺之後，將它向上挺進四次。接著將它抽出再送入二或三次。這稱作**鼓翅鳥**（flapping of birds）。

(3)女方俯臥，伸展雙腿但緊緊併攏，男方如青蛙般的趴上去。他帶著他的傢伙像短劍一般用力衝刺。這稱作**超猛**（very powerful）。尤其適合困難型的女人。

(4)好像耕犁，男方上下擺動他的臀部，分開她的陰戶，上下攪動。這稱作**痛快**（lustful pangs）。

(5)像一頭驢子一樣從後面來，男方的陰莖與女方的陰道口接合，男方用力抽送一陣子。這稱作**陶醉**（intoxicating）。

(6)像一頭公牛和母牛一般，進入陰道的門戶後向左右

搖動。用陰莖的頂端在女體內向上衝刺,雙方的下身互相拍擊。這稱作**公牛式**（motion of a bull）。

(7)像雄馬和母馬交配一樣,男方將陰莖拉出遠遠後,再深深的刺入至根部,發出滋滋的聲響。男方衝刺的時候,女方向後靠迎向他。這稱作**雄馬式**（motion of a horse）。

(8)像一頭公豬對母豬一樣,溫柔再溫柔的進入,然後向上頂,完全進到底後,男方用力推並且擺動。用龜頭碰觸再碰觸子宮口。這稱作**野豬式**（motion of a boar）。

清晨希望與懷疑的雲朵,
在午夜的時候消失,
自生之月溶入牛奶之中。
給予年輕女子美妙的極樂吧,
那澄澈而非概念的狀態。

春情之聲

當情慾的焦點被擊中，好像胸部被冷水潑到一樣，女人會立刻發出「喔」的驚恐聲。「呼，呼」的冷呼吸隨著發出。有時會發出沒有字義的呻吟，有時會發出清楚表達字音的喊叫。性愛的愉悅會發出八種不尋常的鳥叫聲。

八種春情之聲

(1)他拍打她的臀部，帶著點情慾的痛快。她擁抱男方並把嘴唇送上，從喉嚨深處發出「嗯」的聲音。這稱作**家鴿之聲**（voice of a pigeon）。

(2)深深的進入，當龜頭碰觸到子宮的底端，帶著高張

的情慾，她會高聲叫出「喔」。這是**布穀之聲**（voice of a kokila）。

(3)當激情的痛快無法忍受時，女方會發出不清晰的喊叫聲，並尖聲叫，好像正跌落山谷一般。這稱作**孔雀之聲**（voice of a peacock）。牠的聲調有如一隻貓叫聲。

(4)一種無法言喻幾近暈厥的大樂感，想像天地交合一般，她會發出像蜜蜂歡喜採蜜的嗡嗡聲。這叫**蜜蜂之聲**（pleasant tone of a bee's sucking honey）。

(5)當女人的羞怯被強烈的激情撕裂，無法忍受尖銳的衝刺，她渴求再用力的頂她壓她，放聲叫道：「樂死了！夠了！」。這稱作**天鵝之聲**（voice of a goose）。

(6)當陰莖的根部進入蓓蕾深處之後，她完全陶醉，並持續發出模糊的喊叫聲，她受不了了，叫喊道：「救命！夠了！」希望他趕緊抽出來。這稱作**鵪鶉之聲**（voice of a quail）。

(7)由於雙方性器官緊密的結合，中間幾乎沒有縫隙，但仍無法滿足她對性慾的飢渴，她期盼男方再用力衝刺，她呼喊道：「就像這樣！」。這是所謂的**黑鵝之聲**（voice of a black goose)。

(8)由於極大的快感，他每一次抽送都是如此的用力，女方也尖聲的回應，她喊叫道：「噢！完了！」以至於幾乎全村的人都聽見了。這稱作**野鴿之聲**（voice of a dove)。

被用力的衝刺，感到心滿意足了。
雖然因慾火焚燒而疼痛，喜樂也被點燃了。
雖然因無法忍住而呻吟叫喊，喜悅從心底發出了。
喔！不可思議的喜樂。

陰陽轉換

第十四章

　　女方將兩隻腳插在男方的腋下，她的頭對著他的腳，趴上去。她彎曲上身以兩手抓住她的腳掌，旋轉腹部向前向外。她握住他的陰莖向上進入，在她的陰道內前後左右的旋轉，好像轉一根木棒一般。這對陰莖堅挺的年輕男子以及熱情的女子而言，有無限的快感。

　　男方八字大開的仰躺在床，或是有一長條形的枕頭墊在肩膀上。女方如前姿趴在上面，頭腳顛倒，她將陰莖塞入自己的陰道內，並將腳放在左右兩側的地上。然後，向前述一樣女方旋轉她的腹部。

　　兩人採坐姿坐在褥墊上，男方的一隻腿壓在女方的一隻腿上，女方的另一隻腿也壓在男方的另一隻腿上。他們的下半身稍微彎曲的結合著，用大腿互相交抱對方。兩人

偶爾變換一下腿的位置。用這樣的性愛姿勢為基礎，變換成其他的臥姿或是立姿也都是一樣。

男方坐在椅子上一腳著地，女方抬起他的膝部，彼此擁抱。她把兩隻腳放在男方的後方。他用兩手托住她的腰，將她舉起再放下，一次又一次。她不時的旋轉她的臀部，不讓陰莖進入抽送，只在門口輕輕的攪動。有些特別多情的波斯女人只好此道。這稱作**香水花園**（scented garden）。

一些虛弱、疲勞、過胖的男人，或是有強烈情慾的女人，適合採取女上男下的體位，這是一般熟知女性服務男性的方式。在印度一些老夫少妻，因為老夫無法從事下腹部的激烈動作，大多採取這樣的體位。在許多地方，這是普遍的方式。

八種女上男下的姿勢

⑴男方仰躺大腿伸展，女在男的上方，小腿併攏。女方的大腿和陰道緊閉，他們的私處接合。她用雙臂抱住他的肩膀，搖動她的臀部並劇烈的顫動。這是所謂的**母馬式**（way of a mare）。

⑵採女上男下姿如上式，或是如騎馬姿。陰道口緊緊含住他的陰莖。兩人的下身用力緊壓，雙方擁抱。開始的

時候不做抽送的動作。接著女方用力搖動她的屁股，間隔地左右搖動上下抽送。這稱作**蜜蜂式或採蜜式**（way a bee draws out honey）。

(3)像磨坊石的中柱一般，陰莖的頂端在陰道的洞孔中攪拌。男方躺下，女方跨坐在男方的下腹上，私處就定位。她伸展腿部放在他的胸側。兩人手掌交合，像鞦韆一樣擺盪。這稱作**搖船式**（dwelling on a boat）。

(4)男方在下躺臥，女方將手和腳放在地上，彎身，騎上去。每次進出，她都看著他長而粗的陰莖進入，又出來。這是陶醉女人的動作。稱作**進出式**（going and coming）。

(5)女方坐在男方的私處上，伸展她的腿至男方的腋下，將手放在側邊的地上。他們做任何增強快感的動作——像盪鞦韆一般前後擺盪，或是像搗杵一般的上下搗動。這稱作**床聲式**（sound of a bed）。

(6)男方上半背部墊個枕頭仰臥，女方以腿環抱男方並擁抱他的肩膀。他們採取前述的鞦韆與搗杵的動作。這稱作**對面式**（opposite method）。

(7)兩人的私處完美結合，男方在下以腿環抱女方的

腰。這稱作**取袋式**（way of taking hold of a pouch）。由於抽送有點困難，適合採取盪鞦韆的動作。鞦韆式是另一種可以得到完全快感的性愛方式。

(8)男方躺下，伸直大腿。他用力收縮膝蓋。女方將下腹就男方的私處，腳放置在男方的兩側。女方背靠著他的腿，由她做進進出出的動作。這個姿勢陰莖進入很深，一次又一次碰觸到子宮口，不適合孕婦。這稱作**反面式**（opposite method）。

男人有一些女性的特質，女人也有一些男性的特質。當女人騎在男人身上，如果她過去不曾看過，她會覺得很驚訝。然而，如果夫妻間準備懷孕或是已經懷孕，最好避免這種方式。

這些性愛的方法，從下位移轉到上位，適合陶醉於情慾的年輕女子。瑪拉雅（Malaya）的女人非常習慣於這種方式，儘管她們喜愛黃金，卻不願為它躺在下位。

行歡之姿

第十五章

八種交歡的方式

(1)女方坐在男方的膝上，背對他。張開她的臀部，雙方的私處交合。男方一手搓揉女方的乳房，一手撫摸她的陰蒂。他輕輕的擁著她，溫柔的進出。當男方用手指撫摸她的陰唇時，女方偶爾將一手推著牆壁。同樣的，如果臀部底下和大腿根部也被輕輕的摩擦著，會產生不可言喻的快感。

(2)女方側躺，把下腹部往後讓臀部翹起，男方在她的背後側躺，進入她。雙方側躺面對面時，男方把頭埋進女方的胸部，吸吮並撫摸她的乳房。

男方仰臥，女方將下腹部側一邊，雙方交合。她的雙腿靠左側壓在他的腿上。她的一隻手勾抱著男方的脖子。

(3)女方仰臥，墊一個軟墊在臀部底下，兩腿用布繩綁吊懸空，男方採取跪姿進入。在完事之後讓女方保持這個姿勢一陣子，據說對懷孕大有幫助。

(4)男方仰臥向前伸展大腿，臀部墊在一個墊子邊緣上。女方背對他，坐在他的上面。她翹起臀部，把陰莖放入陰道內。她的腳抵住床，用力擠壓陰道，摩擦並搖動她的屁股。有時她抓緊前方的扶手，做抽送的動作，或者她也可以抓住扶手做摩擦搖擺臀部的動作。變換各種方式，儘管做吧！來回移動和抽送的動作主要是由女方主導。

(5)女方跪在一個墊子上，拱起下腹翹起屁股，男方伸直大腿從後方進入。這稱作**乳牛式**（milk cow）。他伸手過腿，一遍又一遍的撫摸她的陰蒂。

另一個變化姿勢是女方採站姿彎腰，雙手扶壓著床或牆。她拱起下腹並將臀部高高的翹起來。有強烈性慾的女人都說，這種姿勢最棒。在許多地方這是很流行的姿勢。

還有另一個變化姿勢也是女方跪在一個墊子上如前述，拱起下腹，上半身則趴在稍高的軟褥上，男女雙方一起配合抽送。男方用手臂抱著她，並摩擦她的腹部向上。

⑹女方將兩手放在背後仰躺，臀部壓在男方的身上。他們從後方結合，做盪鞦韆的動作。這使他們非常的陶醉，帶來很大的快感。男方在女方的下面伸展他的腿，從後面伸到前面。女方偶爾將下腹部轉向，伸展她的腿到男方的左側，偶爾又變換到右側。這是避孕很有效的姿勢，所有立姿或是坐姿，如以這種方式交歡都有助於避孕。

⑺女方坐在一個平台的邊緣，腳碰觸地板伸展大腿，撐起上身。男方從前面進入與她結合。這與其他類似的姿勢都有助於避孕。簡言之，所有交歡的方式：㈠若女方生殖器是朝下，而男方的陰莖是在陰戶的下方；㈡女方的腰部沒有向前彎的話，都有助於避孕。一旦射精之後，女方必須站起來並以腳後跟在地板上猛跳，以溫水清洗陰道。它的效果如同服用避孕藥一樣。

⑻女方俯臥在一個墊子上，手臂和兩腳伸直，男方伸展大腿從後方進入。他把一邊的臉頰貼在她的背中央，兩手握住她的大腿向下拉，從後方兩人的私處接合，由他做抽送的動作。偶爾他用手去撫摸並輕壓她的陰唇。各種從後方結合的姿勢交替著運用。

她翹起臀部並搖動，摩擦並擊打他的下腹。他彎下腰，吻她的臀部。同樣的，他也可以吻她的腰部、腋下和乳房。

依照當時的感覺和狀況，運用各種醉人的姿勢。

因為是從後方來，會碰觸並摩擦到陰唇，激情因此升高。它能滿足強烈的性快感，特別是帶給女人極大的喜樂。那些從後方進入的交歡方式非常有助於受孕。如果她因此受孕，生下的兒子會非常特別。

自性的喜悅實現了，
它來自一個人不滅的本質，
蜂蜜的滋味來自於自生的體液，
這個感覺有如千絲萬縷的拂盪，
即使是天神的舌頭，
也不曾品嚐到如此美味。

以如此多采多姿的方式去做，
一個老人還能說什麼！
那些偷偷以這些方式做的人，
又有何過錯呢！
雖然慾界裡表現情慾的方式有很多，
但沒有一樣能超越女人的私處。

祕戲行為

大樂的興奮並未使得精液有任何縮減，這真是人間的美味。有人認為，雖然只有一滴流到體內，它超過數百倍的醫藥精髓。

把枕頭放在他的臀部和頭部下，男方從床尾躺下，女方以顛鸞倒鳳之姿爬在男方的身上，腿部碰觸對方的臉部，雙方以這種姿勢結合。透過吸吮和滑動他們的舌頭，強烈的喜樂感燃燒起來，持續一段時間。傳言，這稱作口交，另一個名稱為**快樂旋轉輪**（wheel of whirling plea-sure），其喜樂的程度是兩倍、三倍、十倍，甚至幾十倍。

在喜樂的時候，男神和女神引起大樂而安住在男女身體中。因此，什麼會成為人們畢生的阻礙呢？如果我們的作為都是勝利的，權力、才幹、青春都還在前閃耀。醜陋、

骯髒的感覺停止了，人們此時已在恐懼、害羞的觀念中解脫出來。身、口、意三業所作所爲皆清淨，此時即處於極樂狀態。

當代西方的女人對於口交非常的熟悉，過去在印度的鄉間也很流行。大部分婆羅門的老寺廟都充滿了這些雕像。

做一些不合宜的動作，性慾會像夏天的湖水一樣氾濫。然而，對一個不熟悉它們的女人會感到尷尬，這些不尋常的方式是完全禁止的。

有本古代的經典說，女人在交歡時從身上流出來的一切體液都是乾淨的。據說有一位婆羅門，在做愛的時候一定要喝從女人嘴裡送出來的啤酒，他才會滿足。在另一個地方，傳說半人半神是從血液裡頭誕生的。然而只要品嚐一點啤酒，那將成爲他血脈的破壞者。

一個慾火燃燒女子的陰道是梵天的嘴巴，把身體和大樂賜予有情眾生。從做愛行爲中得到滿足是財神拉瑪（Rama）的魔術。

對於那些沉醉在無盡喜悅的人，由於內部的大樂在熾燃震動——精液被束縛在數千條的脈中——這是沒法被禁止的。

看著眼前的鏡子，做吧。
用牙齒嚙咬她的乳頭，吸吮它。

用舌頭舔淨她滴下的體液。

陶醉，忘了過去，瘋狂的做吧！

彼此在身上塗抹蜂蜜，舔乾它。

或是，舔那天然的汁液。

吸吮那修長、圓渾的陰莖，

陶醉，忘了過去，瘋狂的做吧！

說說淫穢的故事。

把最私密處完全的暴露。

遐想平時不敢啟齒的事，做它。

不需要任何的思考，只是陶醉，瘋狂的做吧！

　　口交的行為在一些空行母（注10）的論述中有描述，爲了滿足極度熱情的男女，他們能夠持住體液精髓在體內而不外漏。

當自生體液（女性的精液）進入男性體內，

當月亮的精髓（男性的精液）在女性體內消溶，

較高的能量和大樂確切的達到了，

他們成爲濕婆（Shamkara）和烏瑪（Uma）（注11）。

第十七章　進益技巧

　　以下的技巧是為多情男女所設置的，使他們能承受精神上的作為，依照願望，進入無畏的慾望之輪。用每一個技巧必須看時機是否合宜，要充分了解不同地區的習俗，以及女人生理結構的個別差異。

　　那些剛生產的人、在懷孕中痛苦的人、生病的人、焦慮的人、年老的人，以及年幼的人，都不適合從事激情的性事。

　　透過精巧的運用各種藝術、嬉戲、情慾對話、碰觸、親吻，和其他適合的技巧，馴服驕傲和尷尬。

　　對蓮花型的女人，營造一個寧靜的氣氛：在柔軟的床墊上舖上白布，旁邊擺幾瓶香水，安置幾束鮮花。

　　對圖畫型的女人，營造一個美麗的氣氛：在富彈性的

床上舖上鮮豔多彩的布，安置許多的圖畫，旁邊放一些食物像是蜂蜜等等。

為海螺型的女人，營造一個豪華的氣氛：床上舖上鹿皮，光滑柔軟的感覺，周圍擺著大大小小的墊子，旁邊擺些可愛的樂器。

與大象型的女人交好時，營造一個能量的氣氛：安置一個硬的床墊，並在床邊放些薄的墊子，周遭暗暗的。旁邊放些催情的食物，像是魚肉之類的。

雅利安（Aryan）血統的女人，陰道高到腹部。生產時總是難產而疼痛萬分。大多適合用正面式的交歡方式。

毛蓋（Maugal）血統的女人，有個很大的腹部。她們的陰道靠近後方肛門處。即使年輕的婦女也很容易生產。她們很適合後方式的交歡方式。

一個擁有大屁股的女人，天生就是陰道很高。做愛時，男方在床褥上用力伸直他的雙腿，從上頭爬上去做。

同樣的，一個擁有大腹部的女人，天生是屬於低陰道的。做愛時，放置一個軟墊在她的臀下，男方應抬起她的腿到她的肩部再做。

一個女人左右臀部有小痘痘，她的陰道洞孔深而周遭無毛。她的陰唇堅硬，她那有一條中樞神經通過的蓓蕾，據說是由水做成的。

另一種是陰道口厚，她的兩臀較低。她的陰毛有如鬃毛一般，她的女性分泌物溫熱。她的陰道內裡的通道狹窄，

她那緊抓龜頭的蓓蕾，據說是泥做成的。

另一型的陰道口狹窄，做愛時會疼痛。當熱情燃燒時，它粗得像是公牛的舌頭。她的分泌物微量。她那擠得陰莖漲大的蓓蕾，據說是由乾土做成的。

擁有紅色眼睛帶著橘色瞳孔，一張厚嘴唇，上唇向上卷曲，前齒之間有縫隙且有粉紅色的牙齦，這是性慾很強的女人。

如果她的鼻尖朝下，笑的時候額頭的血管會顯露，她的臉孔中央朝向上，這也是有強烈性慾的徵相。

外觀上擁有凸出的眼睛，紅潤的臉頰，耳朵中央有纖細的皺紋，她的腹部、大腿、小腿都很大，也是有強烈性慾的徵相。

當她向前方直視時頭部會左顧右盼，講話時一再緊閉雙唇，從她的唇部就顯示了她陰部的樣貌。這也是性慾強烈的徵相，且顯示她有個很好的陰道。

在月經來的前三天，女人應該待在家中獨處。在第四天它應該清洗身體，並用精油按摩。如果她在這幾天做愛的話，那是很不適合的低級行為。

如果她在月經後的第五、七、九、十一、十三、十五天懷孕，她將會生女孩，因此最好避免在這幾天交歡。如果是從第六、八、十、十二、十四天與男人睡覺而懷孕，將會生下男孩。

如果她在第五天懷孕，她會生下一個女孩，這女孩只

擁有普通財富。

如果在第六天懷孕，她會生下一個男孩，他將來只能靠低賤的工作營生。

如果在第七天懷孕，她將生下一個女孩，她將有一顆宗教的心靈和快樂的生活。

如果她在第八天懷孕，她將生下一個男孩，他將熟知各種科學知識，且會得到聲名。

如果她在第九天懷孕，她絕對會生女孩，她將來會像甘達薇（Gandarvi）一樣迷人。

如果她在第十天懷孕，她將生下一個很有學問的男孩，他將在宗教上統領大眾，得到榮耀。

若在第十一天懷孕，她將生下一個聰明美麗的女孩。

如果她在第十二天懷孕，她將生下一個男孩，他將在年輕時擁有權勢，征服他的敵人。

如果她在第十三天懷孕，她將生下女孩，這女孩帶一點情慾和自私，她會尊崇宗教信仰。

如果她在第十四天懷孕，會生下男孩，他將遭遇許多惡行的後果。

如果她在第十五天懷孕，她將生下一個女孩，她會有一個姣好的身體，但也會遭遇許多不幸的痛苦。

如果她在第十六天懷孕，她將生下一個男孩，他將聰明、勇敢、得到許多的財富。

每月的第八天，以及第十四天、第十五天、第一天、

第三十天等，是慈愛和禮拜的幸運時間。所有諸神在這些天都放棄睡眠齊聚一堂。如果女人在這些天懷孕，她們生的孩子將會凶惡而且殘酷。同樣的，據說在一年的最後一天以及日月蝕的日子交合，生的小孩將會死去。

一個女人在懷孕後二或三個月，性渴求非常強烈。據說在生產過後也很強烈，因為體內淨化儀式已經完成，她已無須擔憂生病，而且月經也走了。如果此時男人在身旁而不與他的妻子做愛，死後將墮入怖畏地獄，因為他放棄了一個做好男人的最佳示範。

以上是古代的先哲們描述男女適合交合的日子。

許多學者說到，大多數的水果都有它的成熟期。月經停止後的第八天起，子宮口是開的，此時交合一定會懷孕。經過八天以後可能懷孕，但大多數女人的子宮口此時是關閉的。

在交歡之前男女都應該先清一下排泄物，並把性器官洗乾淨。尤其是陰道等隱密處，這有助於在無瑕疵的子宮內懷孕。

在交歡時如果有驚嚇、焦慮等等情緒的升起，會影響到子宮受損；因此，在一個獨立的空間做愛是很重要的，可以完全放鬆而沒有顧慮。完事之後，男方停止他的左鼻孔呼吸而用右鼻孔，女方以左脅側躺，男方以右脅側躺，兩人小睡一會。

如果兩人想要有男孩，女方必須升起強烈的性慾，男

方應該想像自己是個女人或是設法緩和軟化性慾。同樣的，假使兩人想要有女孩，男方必須升起強烈的慾望，女方則保持漫不經心。他還要用力射出很多的精液，這是很重要的，子女的性別就取決於此。一個精力充沛的女子會生很多男孩；一個性慾旺盛的男子會生很多女孩。因此，一般認為性慾強盛的男子會生男孩的想法是錯誤的。

母親的性情、體質、身長等特性都會延續到兒子身上。同樣的，父親的性情、生理體質等特性也都會延續到女兒身上。

在完事之後，女方不要馬上站起來，她應該放個枕頭在臀部下方並小睡一會。接著喝杯牛奶之類的，最好是兩個人分開睡在各自的床上。

在第一次的交合，男人很自然的有比較強的情慾，當快要射精的時候，他應該把陰莖抽出來，讓它射在體外。在第二次交合的時候，女人的情慾被點燃，此時就應該在體內射精。如果她是以這種方式受孕，就一定有助於得到一個男孩。

如果雙方經過激烈的情慾而興奮，女人的激情自然較為強烈，生的孩子絕大可能是男的。然而，他們情慾的激起必須是同時的。簡言之，透過各種的情愛藝術，直到女方強烈的情慾被激起之後，它有助於延遲交合。

據說，如果感覺到身體內部充滿著穢氣，喪失食慾，嘴裡會流下口水和分泌物，就是懷孕的徵兆。如果孕婦有

強烈的性交慾望，這是懷女孩的徵兆。

　　要避免產生恐懼，例如向很深的洞穴或是井底下望。如果能不性交，最好。如果不能避免，則應該用側身的方法。如果腹部受到壓迫或是子宮好像被填滿，嬰兒的肢體將會質變。尤其是嬰兒的拇指壓到鼻子周遭，可能會有發育成兔唇的危險。

　　在生產時，最好要有經驗的婦女在旁邊。輕輕摩擦、擠壓下腹部。當嬰兒到了陰道口的時候，要用力擠壓，嬰兒就容易輕鬆的出來。如果嬰兒卡在子宮口，要用黑蛇皮來燻香。透過伸展兩手臂並搖晃它們，胎盤就會出來。當下一次月經來後，生產的過程就被淨化了。

　　雖然有很多的痛苦無法忍受，
　　但是沒有一種喜樂比這個更難承受。
　　如果一個人能令滿月的那一天靜止，
　　黑暗就無法滿佈夜空，
　　直到新月那一天的到來。

　　當大樂來到寶柱的頂端（龜頭）時，如果一個人不知道持住和分散大樂的技巧，會立即看到它消退和消失，好像拾綴一朵雪花在掌中一樣。因此，藉著搖動，喜樂產生，停止動作並且不斷的分散喜樂到全身，接著重複做前述的方法，喜樂會持續一段很長的時間。

不時的，彼此間用一塊乾淨的布擦拭對方的私處。接著交互運用不同的姿勢，快感會增強。用眼睛和心看著女方的眉心以及臉龐，並以綿綿情話來延緩不洩一陣子。

　　當精液抵達根部時，下半身變得沉重且麻酥；在其時，想像天空的寬闊，並立即抽出，情慾的逆轉是必然的。提肛並將舌頭和眼睛轉向上方；收縮四肢的關節，緊握手指；收縮腹部到脊髓。這些都是必須做的身體技巧。

　　集中心思到乘法上：八三二十四、六五三十等等。如果女方捏他並大聲說：「看這兒！」他也可以暫時忍住不洩精。

　　當喜樂擴散到全身時，我們應停止注意力於下半身，並用心去體會上半身的喜樂感覺，精液就不會放射出來。遺漏精液的原因是因為沒有經驗到喜樂遍滿全身的感受，而只把心集中在私處的快感所致。

> 人們探究一件事情的本質有多深，
> 學者沉默的程度就有多深。
> 因此，所有微細現象的本質
> 都超越了概念、思想和言語。

> 將心安住在根本自性的空性之中，
> 他就能看到幻象之輪。
> 若以一種是非之心，

就是佛陀也莫可奈何。

一個聰明的小孩暈倒在情慾的深淵裡，
煩躁的心跌入蠕蟲的洞穴中。
藉著引導執著的幻想，
務須察覺到如此的喜樂。

祈求能夠結合大樂與平靜之海，
藉著觀照二元與不二、能知與所知，
揭開魔術師幻象的巨浪，
他不再感到融合的變動與興奮。

現象如何不再呈現變動？
心識如何不再向外馳求？
只要隨順它們的本質，
它們就平靜了。
將現象與心識導入大樂的方向，
就是了。

即使是踏出一步也是為了尋求快樂，
即使是說出一個單字也是為了尋求快樂。
高潔的德行是為了喜樂，
不道德的行徑也是為了喜樂。

瞎眼的螞蟻追求快樂，
瘸腿的昆蟲追求快樂。
簡言之，一切眾生，不論跑得快或慢，
都往快樂的方向努力以赴。

如果人們當真認為這個大千世界，
突然被吞入一個巨大的行星之中，
沒有概念、沒有感覺。
他將體解大樂的境界，
在其中所有的景象都已溶解。

雖然已經得到三千大千世界的榮耀和財富，
他們仍不滿足；
因此追求熾燃的、飢渴的情慾。
事實上他們有如啞童般，
帶著無知的心，
在尋找大樂與空性的天國。

結論 第十八章

禮敬自生喜樂之神，
雖然無法形容你的特徵，
卻有著各種面向的特質，
對高靈者教導著純粹的真理，
嘲弄著黑暗之子。

禮敬自生喜樂之神，
嘉惠那些沒有禪修以及愚昧的心靈，
你伴隨著眾生而眾生也是你的伴侶，
雖然眾生都看到你卻沒有人認識你。

禮敬自生喜樂之神，

你是空間的舞者，
沒有披著世俗虛矯的衣裳，
有著無數神奇的樣貌卻無形無色，
拋向意識的流星，只能體驗無法執取。

禮敬偉大的自生喜樂，
彩虹的光輝在此細緻的溶解，
幻象之海的波浪消失無蹤，
動搖的心到此不再起伏。

禮敬自生喜樂的天國，
佛陀以慈目眷顧而不離須臾。
以非命題式的陳述，
以非概念式的推敲，
透過不執著的心去理解你。

　　這本書中並沒有宣說祕密——密宗修行的深奧方法、文字和密咒的種種。然而，這些尷尬的行為還是應該保守祕密，避免讓人知道。

　　因為和尚、阿羅漢、長老和獨覺者都不會想要看這本書，只適合讓他們看標題然後放置一旁，而非看了之後激起他們羞慚或是憤怒。世上人們的個性是不同的；他們的思想和觀念並不一致。因此有些人會責難，有些人會讚揚。

有些人會認為它骯髒，有些人卻認為它清淨。

對於肉食性的狼和草食性的兔子，最好是順從牠們的習性，而不是比較彼此建議的食物，進一步強化物以類聚的個人行為模式。迫切地勸服別人做他不喜歡的事是沒有意義的，例如要遊牧民族吃豬肉，都市人喝酸奶茶等等。嚴厲地阻止一個人的慾望也同樣沒有意義。善惡、淨垢只是個人的喜好而已。一個人必須進行並經常轉向情慾活動。為此爭辯只會把自己搞得精疲力竭，欲為此做理性分析，最後也只會導致自心的煩惱而已。

檢視我們的經歷，從孩童到老年，我們改變了多少的態度？自信如何能放入流行的觀念中？有時候即使看著一個女神，也會感到厭惡；有時候即使看著一個老婦，熱情油然而生。一些現在存在的事物，過不久就消失了，新的東西隨後又出現。數字是不能夠欺瞞心的。當我們了解了這些，心就當下立斷，我們把妄念視為實相的根源也立時被摧毀。這就是狂喜的大解脫，另一個同義詞就是自由。

沒有見過瑪納沙洛瓦拉湖（Manasarowara）的人都認為它很大，一旦看到它才發覺那不過是個鳥棲息的水坑。當人們屈從且感受到輪迴的現象，它是如此的真實且無令人驚異之處。然而，男人不比女人多，也不比女人少，彼此間很容易找到。如果看上了對方，光是奢想而不付諸行動，其罪過甚大。因此，以各種方式分享性的喜悅是正確的。

當經驗已經獲得一段時間後，在此生中，沒有一件事不會令我們心生感傷的。解除一個哀傷的心就要靠神聖的宗教。最後，它還是回歸到自心之中。

愚笨的人喜歡不矯飾的外表，聰明的人製造虛假的幻象，把它們分成三世，但是最後這三者（過去、現在、未來）還是會合而為一。

如果，看到輪迴大海之深，由於無法忍受痛苦而渴盼脫離苦海，我們必須過僧侶的生活，去學習平靜。在過去很好的時代裡，西藏的學者到印度學習，他們修戒定慧三學並以誓戒約束身口意三門。然而今天即使是聽到這些都覺得難以忍受。

對於女人，我有點害羞卻很信賴。從過去以來，我都沒有遵守戒律，可以說是諸惡皆作，眾善不行，但是最近在印度期間，這個欺騙的心腸已經停止了。

魚只有在水中才能知道水的深淺，
一個人的經驗愈多，知識就愈豐富。
思及此，我只有盡全力寫好這本書，
這是我的使命。

被和尚們嘲笑並非不適合，
被密續修行者頌揚亦非不允許；
這本書並不是為了年老的魯格崩（Lu-gyel-bum），

而是寫給年輕的蘇南達 (So-nam-tar)。

作者是更敦群培，
寫作的地點是孔雀城。
一個婆羅門長者解說其中最難的篇章，
一個喀什米爾女孩在經驗上給予赤裸的指導。

解說的來源可以回溯到印度的典籍。
以西藏的形式風格成篇，是易於了解。
因此我有一種感覺，它的來源並非不充足，
但是效果卻絕對的特殊。

尊貴的米旁依據研讀「這些論著」寫就，
好色的群培依據個人經驗而寫就。
透過熱情男女親身的體驗，
人們會知道這兩本論著的衝擊顯然不同。

不能把自己的過錯加諸在一個謙卑者的身上，
像是以不當的行為毀掉朋友的生活，
或是喪失了鎮靜等所造成的過失。

願以此功德迴向所有的法侶，
願他們都能渡過物質慾望的黑暗幽谷，

爬上十六種大樂的顛峰，
從那兒仰望無雲晴空，
了悟實相的眞義。

願與我有肉體關係的女子——
玉卓、甘嘎、艾莎麗等，
循著快樂的道路前進，
達到法身大樂的境地。

願一切卑微眾生，
在這寬闊的地球上，
能得眞實的自由，
免於因殘酷法律枉受牢獄之災。
都能夠自主地、適切地
分享小小的歡愉。

　　更敦群培所寫的《西藏慾經》，遠超過佛教徒與非佛教
徒在這個主題上的知識，就像海洋一樣淵博，他透過看到、
聽到和經驗到的，糾正了性慾望是附加物的錯誤觀念。他
在虎年仲冬於雅穆那河畔寫完後半部，有夏日黎明的曙光
迎接。在印度摩揭陀（Magadha）的孔雀城（Mathura），
在一個有相同生活型態的女友甘嘎迪娃的家中完成著作。

注釋

注1：寧瑪派——寧瑪，藏語為古、舊的意思。該派因遵循前弘期（大譯師仁
欽桑波之前）所傳之教法，而得此名。也因該派僧人大多戴紅色僧帽，
俗稱紅帽派。蓮花生大師為寧瑪派的開創祖師。

注2：格魯派——格魯，藏語為善律的意思，因該派倡導僧人應嚴守戒律而得
名。該派僧人戴黃色僧帽，又稱黃帽派。創始人為宗喀巴大師。

注3：格西學位——格西，是僧職的宗教學銜，在藏傳佛教界具有很高的地位
和威望。因為這一僧職稱謂是極少數僧侶經過長期的清苦修學而獲得的
學銜，代表著各自在佛學知識領域具有頗高的專業水準和身分。

注4：八暇十滿——詳見P193。

注5：六聖二莊嚴——詳見P195。

注6：五輪和壇城——五輪指的是頂輪、喉輪、心輪、臍輪及海底輪；壇城即
曼荼羅，是道場、淨室修法的地方，在本書指的是身體。

注7：六大——一種解釋為：地、水、火、風、氣脈、明點；另一種解釋為：
骨頭、脊髓、肌肉、皮膚、父精、母血。詳見P196。

注8：巴巴拉雅——Babhravya，目前廣為流傳的《愛經》，是華茲雅雅那從
巴巴拉雅所整理的七大章節中，加上不同的說明而完成的版本。

注9：度母——聖救度佛母，簡稱度母，梵音譯作多羅，又叫多羅母，為西藏
密教中慈悲的女神，共有21尊，稱為二十一度母。

注10：空行母——藏傳佛教將「喇嘛、本尊和空行」稱為根本三尊，空行母
為印度女神，梵音譯為茶吉尼，是生於淨土的天母。

注11：濕婆與烏瑪：Shamkara，又名Shiva（濕婆），是印度教神祇；Uma
（烏瑪），又名Parvati，為其妻子。據說兩人曾持續交合了一百年之
久，結果整個宇宙為之動盪不已。

第二部

論《西藏慾經》

傑佛瑞・霍普金斯　著

前言

　　1967 年，我在紐澤西自由林區的美國喇嘛佛學院停留五年的最後期間，宇妥・多杰玉珍女士邀請我翻譯一本摘記，經過多方校訂以及其他許多人的協助，後來成為她個人的傳記，就是 1990 年出版的《綠松石屋頂之家》（*House of the Turquoise Roof*）。我們完成的時候，她告訴我，更敦群培的《西藏慾經》如果翻譯成英文，對西方世界會很有用，因此我們開始著手翻譯。

　　當時拿到的是 1967 年藏文版，許多章節都有問題，由於我手中還有許多未完成的計畫，手稿在我這兒擱置了二十四年。期間我得到了一個更好的版本，那是 1983 年出版對於 1969 年的修訂版，於是我在 1991 年著手重譯，而有了這本書的問世。

　　在過去，看到一些情色書刊譯本，常會被譯者的觀念干擾所苦，譯者經常自認素材太敏感而加以刪除。對於這本書，讀者可以放心，我們試著做最精確而完整的翻譯，原原本本而未加以「淨化」。

　　更敦群培的《西藏慾經》主要是喚起人們明瞭六十四種情愛藝術，而不是像著名的印度《愛經》一樣，詳述六十四種情慾的細節。因此這本書對於想要增強親密行為和性愛刺激的人尤其實用。同樣重要的是，這本書的基本主題——性愛的肉體歡愉與心靈內觀的和諧。在藏傳佛教的無上瑜伽修行中，為了強化極喜的體驗，六十四種情愛藝術被細膩的運用在心靈提昇的過程，隨著意識進入細微狀態下，此一意識可以透過強大的能量呈現出實相，對於禪修具有重大的意義。

　　更敦群培經常提到性愛的歡愉對於心靈的價值，因此這本書除了對增強性愛提出一般的建議之外，也點出了印藏密宗無上瑜伽修

行中對於情慾更高層次的運用。

　　本書也陳述了許多有關個人如何在其文化下過適當的生活，例如在西藏，對大多數人主張獨身。在這些章節中，可以看做是作者身為一個人，對於他自己放棄比丘獨身誓戒的分析，也可以看做是提供佛教徒如何對待自己慾望的倫理。

　　此外，更敦群培提供了許多有關男人做為一個好伴侶的祕方，教他們如何對待女人。因此，儘管他對於西藏文化中男性沙文主義的容忍——指出如何確保男性的血脈，這本書也談論到細膩關懷女性的性快感，以及如何達到此一境地的方法。

《西藏慾經》的資料來源

　　1938 年的冬天，在他生命中最有創造力和活力的時刻，更敦群培在印度的孔雀城完成了《西藏慾經》的寫作。他所引用的資料來源有四端：

1. 印度典籍
2. 西藏典籍
3. 一個印度資料提供者
4. 他的親身經驗

印度典籍

　　在《西藏慾經》的文末，他指出這個創作源自於印度的情色文學，他說：

> 解說的來源可以回溯到印度的典籍。
> 以西藏的形式風格成篇，是易於了解。
> 因此我有一種感覺，它的來源並非不充足，
> 但是效果卻絕對的特殊。

　　認知更敦群培的主要資料來源，可從他書中前言對印度神祇的禮敬看出：

> 頂禮在瑪希許華拉的足下，
> 祂動人的身軀如無雲晴空般的澄澈，

祂永恆地在快樂的榮耀之地嬉遊，
祂安住在西藏凱拉薩的雪山之中。

我頂禮在高儷女神的足下，
祂美麗的臉龐如滿月般的綻放，
祂微笑輕露的貝齒如珍珠念珠，
祂隆起的乳房有如圓形的海螺。

更敦群培提到超過三十本的印度情色典籍，其中他列了八本：

·華茲雅雅那的《愛經》（*Kamasutra* by Mallanaga Vatsyayana）：這本著名的《愛經》寫於第三世紀。依照印度傳統的說法，梵天宣說了十萬章有關法（宗教）、義（財富）、愛（情慾）的教義。南迪在「愛」這一部分收集了一千章。烏達拉克的兒子席維塔克圖濃縮了南迪的作品成五百章，住在旁遮普省的巴巴拉雅濃縮了席維塔克圖的作品成為七部分一百五十章。七部分由七位學者補充和摘要分開論述，情慾的部分由蘇瓦納那巴完成。華茲雅雅那是一位來自喀什米爾的婆羅門，他還原了巴巴拉雅的七大部分型式，加上不同的說明，重新建構了一本典籍，稱作《愛經》。上述這些典籍中，只剩下《愛經》還倖存於世。

·柯科卡的《性快樂的祕密》（*Ratirahasya* by Kokkoka）：寫於第九或第十世紀。柯科卡參考南迪凱什瓦拉、高尼卡布特拉和華茲雅雅那以及另外十來人的著作寫成此書。這本書在印度受歡迎的程度僅次於《愛經》，還被譯成波斯文。主要的註解是由康欽納沙所作。

·卡什曼德拉的《情慾的藝術》（*Kamakala* by Kshemendra）：大約成書於十一世紀。

‧瑪希許華拉的《慾望論》（*Ragashekhara* by Maheshva-ra）：這本書的作者是誰還是個謎，約成書於十四世紀，可能是由鳩提理許瓦拉所寫成的《論慾望》。因爲據說鳩提理許瓦拉所集結的情色著作《五箭集》，其中包括伊許瓦拉的作品。或許《慾望論》的作者不是鳩提理許瓦拉而是伊許華拉，也就是瑪希許華拉。更敦群培認爲《慾望論》和《愛經》是有關情慾的書中最好的兩本，但是很奇怪的，《慾望論》在本世紀卻未被印度情色文學的學者所引用。

‧鳩提理許瓦拉的《五箭集》（*Pancasayaka* by Jyotirishva-ra）：寫於十四世紀上半葉，全書共分成五章，隱喩愛神的五枝花頭箭。

‧迪瓦拉嘉的《性歡愉的寶燈》（*Ratiratnapradipika* by Devaraja）：成書於十五世紀。

‧卡雅納瑪拉的《慾望之神》（*Anangaranga* by King Kalyanamalla）：本書原名爲《無體者之形》，無體者指的是慾望之神。這本書是根據《愛經》和《性快樂的祕密》，寫於十六世紀早期，爲了取悅拉丹漢，他是洛迪王朝時期阿瑪達國王之子。經過回敎的保護，這本書廣爲流傳，已被回敎作家翻譯成烏堵文、波斯文、阿拉伯文。在印度，它是僅次於《愛經》和《性快樂的祕密》，第三本受歡迎的情色經典。

‧《愛神的寶飾》（*Kandarpacudamani*）：一說是維拉巴德納國王所寫，但也許是出自一位宮廷詩人的作品。成書大約在 1577 年，是將《愛經》改寫成韻文的作品。

更敦群培還提到另外兩本經典：

‧龍樹的一本論著：更敦群培指出他只是聽說有這麼一本論著，可能是龍樹菩薩所寫的《性愛論》。這本書從第七世紀到第十世紀時到處可見。它描述有關占星術、胎兒期的影響等。

·蘇如巴的《情慾略論》：這本短論是根據《論述翻譯》一書有
關密續的章節寫就，沒有任何有關作者的資料。文中的起首寫道，
他被龍樹浩瀚的情色論述所吸引。

　　更敦群培談到有關印度典籍的來源時作了如下的結論：

　　把大大小小的原典擺在一起，超過三十本。其中最好的是瑪希
許華拉的《慾望論》以及華茲雅雅那的《愛經》。在此我將根據那些
典籍解釋情愛的藝術。

　　此處他所謂的「那些」，指的是只有《慾望論》和《愛經》，還
是包括其他的書籍，並不明確。直到研究了瑪希許華拉的著作後，
仍然無法確知更敦群培是否完全參考了上述所有的印度典籍。例如
有些不是源自《愛經》的資料，它是源自柯科卡《性快樂的祕密》，
而瑪希許華拉的資料又源自於柯科卡。要找到瑪希許華拉的著作變
成一個無法克服的困難。

　　然而，很明確的，更敦群培並不是把資料直接從印度文翻譯成
藏文，他只是把它們當作創作的參考資料。

西藏典籍

　　更敦群培請讀者把他的書和另一位喇嘛米旁嘉措（1846-1912）
所寫的《情慾論》相比較，他的書是根據經驗寫成，而米旁的書只
是根據文獻，從學術研究的角度寫成。

　　尊貴的米旁依據研讀「這些論著」寫就，
　　好色的更敦依據個人經驗而寫就。
　　經由熱情男女親身的體驗，

人們會知道這兩本論著的衝擊顯然不同。

因此，很顯然的，他對於米旁的著作《情慾論：愉悅世界寶典》是十分熟悉的。其篇幅只有更敦群培《西藏慾經》的三分之一，但在文體上更顯艱澀。

當問及米旁和宗喀巴，誰比較聰明時，更敦群培的回答是，假使他兩人辯論，宗喀巴會贏，因爲他更擅長於辯論；但若要談到基本學識和闡釋的才能上，米旁更勝一籌。不過，就性的主題上，更敦群培自認他要比米旁知道得更多。

雖然兩本論著在開頭都是描述男人和女人體型的類別，米旁在準備事宜上提出簡單的建議之後，直接切入主題談六十四種情慾藝術。而更敦群培不但加上面部的特徵及其意涵，和生命的各階段，還以四章的篇幅佈局說明：㈠性的重要以及在男人統治世界中女人的處境；㈡怎樣做好初夜前的準備、初經的意義以及開始性生活的適當年齡；㈢對男女性體液的說明、男女生理的相似處，以及女性緩慢被激起但卻深邃的情慾；㈣報導印度不同地區女人的性癖好。

關於六十四種情愛藝術，更敦群培的描述更爲寬廣，包含了令人奇癢難耐的細節，甚至每一種藝術的名稱都與米旁的不同。例如，關於八種擁抱的藝術，更敦闡述的篇幅是米旁的兩倍。而且在八種接吻的技巧中，米旁只用了五行，而更敦依照印度太陰月期間身體內部體液運行的理論，用兩頁半的篇幅對何時何地適合接吻提供建議。關於捏與抓的藝術，米旁只寫了一頁，更敦用兩頁半敘述捏抓的技巧。在性愛的姿勢和交歡之前，更敦增加了兩章篇幅，指導如何增加性快感的強度，這通常可以點燃伴侶的情慾。例如：

看著在花弓上引滿的慾望之箭，

寶鑽充滿著美味的牛奶，

帶著如紅珊瑚般的顏色光滑油亮，

即使是天神之女也會因此而墜落。

僅僅輕輕觸摸就算是品嚐了美味，

進入則如嚐到可口的糖漿，

摩擦和抽送是真正吃到了甜美的蜜糖。

喔！給我這些可口甜蜜的滋味吧！

米旁的敘述相對顯得枯燥無味。

更敦群培在「撫弄器官」一章中，從女人的觀點寫女性撫弄男性器官，一樣充滿著動人的描述。同樣的，他在描述性愛的姿勢與交歡那一章，先以較多的篇幅討論了情慾以及交歡前女性需要激發的問題，然後才詳述那甜美的細節，不只是八種姿勢而已，還增加了另外的十二種。而米旁只列舉八種姿勢的名稱，用不到一頁的篇幅簡單交代。

關於角色互換的八種姿勢，兩本論著的列舉也截然不同。更敦群培接著提供了八種交歡的姿勢，完整的提供了六十四種藝術。而米旁只列了五十四種之後就結束了，卻還聲稱他也談了六十四種情愛藝術。

米旁在著作的最後二十頁描寫有關密宗雙運瑜伽的主題，這是更敦的著作所沒有的。包括咒語、觀想和藥丸等，以提高性功能和性快感；凝視一些人與神祇、半人半神、人與人、人與獸的姿勢；以及觀想和禪定不成功時用以不漏丹的藥丸。他還提到在無上瑜伽中圓滿次第階段有許多深奧的咒語、觀想和藥丸的運用，都必須在具格上師那兒才能領受。

在以下五章的細節中，更敦群培並沒有選擇包括密續像是藥丸

等神祕的素材，以增強人們無上瑜伽的能力，雖然有關密續根本淨光的基本教法在他的其他著作中多有強調。他只是想提供一本論述性愛藝術的書，然而內容觀點並不違反密續的法教。以私密、生動和誘人的細節而論，他所提供的性愛藝術，的確如他所聲稱的要遠超過米旁。

關於其他西藏的素材，更敦群培必定是非常熟悉六世達賴喇嘛的情詩。他也一定聽過許多安可敦巴的淫穢故事，像是他穿上阿尼的僧袍混跡尼庵中住了幾個月，結果使得許多尼眾懷孕。安可敦巴以他的花招逃了一陣子，雖然他狡詐如貝爾的兔子一般，最後仍被抓到，還受到處置。

一個印度專家的知識

更敦群培提到，「最困難的章節其解說者是一位印度的婆羅門」，這位婆羅門必定是梵文專家，且熟悉印度的情色文學，他在梵文原典最難的部分幫助了更敦群培。

他個人的經驗

因為更敦群培是個和尚，他到底有沒有性經驗很自然地會被質疑。《西藏慾經》提供了充分的證據證明他是有的。首先，談到他致力於情色這個主題，在「女性是否也有射精」一節中，他說：

因為我喜歡討論下半身的問題，我問過許多女性朋友，但是她們除了害羞的對我笑著搖搖手，沒有一個人能給我真誠的答案。

他說他長久以來即對女人傾心，這違背了比丘戒律：

對於女人，我有點害羞卻很信賴，從過去以來，我都沒有遵守戒律，可以說是諸惡皆作，眾善不行，但是最近在印度期間，這個欺騙的心腸已經停止了。

他暗示說，先前他遵守比丘獨身戒，那是自我欺騙，當他到了印度以後就捨戒，不必再自我欺騙了。

他進一步解釋說，由於他對性方面的專精，為西藏人寫一本有關性的書成為他的使命：

魚只有在水中才能知道水的深淺，
一個人的經驗愈多，知識就愈豐富。
思及此我只有盡全力寫好這本書，
這是我的使命。

顯然，在詳述印度地區女人的一些性習慣之後，他宣稱和康區及藏區的女子有過性接觸，而康藏兩區之外的西藏女子，他則沒有性經驗，因此他並不打算寫盡西藏女人的所有細節：

西藏女子的這些特質必須透過與他們相處才能解釋清楚，但是我對於康區和藏區以外的女子並不熟悉，她們在性方面的細節，我無法透徹的了解。康巴女子皮膚柔嫩細滑又多情，藏區女子多才藝還擅長馴服男人。

此一有關西藏女子的簡單描述，是為了號召其他地區熱情的人加入這項工作。關於安多、康區、中藏、藏區、那里等地區，女人躺下、移動的技巧，都有待知識淵博而且經驗老道的長者來補強。

從他自己的說詞，我們知道他對康區和藏區的女子有過性接觸。不過他是於 1938 年在印度完成這本著作的，令人納悶他到底是在西藏本地還是在印度和旅居當地的康藏女子進行性接觸的。

更敦群培性經驗的對象還包括印度女子，他提到一名「喀什米爾女子」為他提供「經驗上赤裸的指導」。「赤裸的指導」一詞通常是用在宗教背景上論及一種文體，「解釋它真正的含義，而不只是說明它字面上的意思」。更敦群培玩笑地使用這個宗教字眼來描述一個女子指導他性經驗，這個雙關語顯示了他的幽默，同時也反應了文化的穿透力，宗教的範疇和性還是分不開的。

同樣地，更敦群培在用字上也限定在宗教的詞彙，隱喻他對性知識的深入：

更敦群培所寫的慾經，遠超過佛教徒與非佛教徒在這個主題上的知識，就像海洋一樣淵博，他透過看到、聽到和經驗到的，糾正了性慾望是附加物的錯誤觀念。

他運用宗教的詞彙遠超過許多佛教徒與非佛教徒的知識領域，他修飾了佛法中以「聞、思、修」三部曲打破無明的標準，轉用到性方面透過「看、聽、體驗」三部曲扭轉錯誤的性慾望觀念。這些神聖的字眼被用在性愛藝術上，一下子變得有點玩笑和褻瀆。如同他在生活中的許多行為，表面上看來像是對佛法沒有信心，但實際上他是以玩世不恭的態度，對於宗教和世間法的錯誤分別做猛烈的一擊。

甚至更明確地，他點出了和他有性關係的一位西藏女子和兩位印度女子的名字：

願與我有肉體關係的女子——
玉卓、甘嘎、艾莎麗等，
循著快樂的道路前進，
達到法身大樂的境地。

　　玉卓這位西藏女子並非晚年和他同居的女子玉珍。甘嘎好像是他在孔雀城完成《西藏慾經》時住在她家的女子，在本書的結尾提到她時，描述她是「來自潘卡拉的甘嘎德娃，與我有相同生活方式的女友」。說她與他有相同的生活方式，可能是意味著與他分享下半身的熱情慾望吧？

　　從這個證據以及書的內容看來，很明顯的，他雖然是一位接受過比丘戒律的喇嘛，但他是根據和西藏以及印度女子的經驗寫成了《西藏慾經》這本書。

女性的平等

　　更敦群培的《西藏慾經》大部分圍繞在說明六十四種情愛的藝術。雖然有一部分重複的主題交織在素材中，這些通常都廣佈於各處，而作者又會在衝突並置的拼圖中突然變更兩個調和的主題，以致重點可能被忽略了。從某個角度看，這種轉移卻是本書吸引人的一部分，前一個主題的意見有時會突然被一個不預期的觀點所干擾，然而這個轉變經常是如此突兀，以至於剛要沉浸到這個主題時，又突然被拉到另一個主題。我想起來，更敦群培為了寫有關西藏獨立的書，曾經記下數百張的紙片筆記，放在他拉薩的家中。同樣的，雖然《西藏慾經》是一本完成的著作，但是他片段式的處理，使得全書的主調似乎還隱藏在背後。因此我將把散在各章節的基調拼湊起來，使他們的影響力不致被忽視。

　　除了六十四種情愛的藝術之外，《西藏慾經》至少還有六項重複的主題：

· 女性的平等
· 肉體歡愉和心靈內觀
· 愛的倫理
· 提升女性快感的技巧
· 對懷孕的忠告
· 人與性的分類綱要

　　一再地，更敦群培展現了他對於女人被社會風俗以及法律規範所犧牲的苦況至深的感受。關於通姦一事，他說：

關於通姦一事，是不應該有男女分別的，如果我們仔細審視，男人可能更糟糕。一個國王擁有上千的嬪妃仍被頌揚是高貴的生活型態，但假使一個女人擁有上百個男人，她可能被詆毀得體無完膚。

他抱怨，財富和名位不僅可以為男人的行為買得免疫權，還可以為他們的錯誤行為換來頌揚。

雖然女人被嘲弄是性格多變，但不管她們是如何多變，主要都是因為她們處身於男人操控的世界：

假使一個國王與一千個女人輪流做愛，哪裡還存在什麼通姦的問題？既然和一個妻子做愛不算通姦，又怎能說這個國王是和人通姦呢？一個頭髮雪白的富有老頭可以選擇並買下一名女子，女人只是一件買賣的物品，她有的只是一個價碼而已。唉，女人沒有保護者！當一個男人挑選一個女人並強行將她帶走時，女人並不願意跟他走；因此，就好像意圖用石頭修補木頭一樣，女人的性格怎麼可能穩定？

他諷刺建立在雙重標準上的習俗：

在尼泊爾，即使一個男人強行帶走一個女人，並發洩他的情慾，完事後，她起身，還得用頭碰觸他的腳，然後離去。起初，她會掙扎說「不要」，事後卻畢恭畢敬的說「謝謝」。想想看這個習俗，我們不禁大笑。甚至於，據說做這事的那些人是一種良好的德行呢！

他對於憎恨女性的制度以及由於缺乏政治行動所導致的奉承順從加以嘲諷：

在波斯，每個年邁的男人都擁有大約十個妻子，假使其中一個妻子與他人通姦，她將立刻被活活燒死。雖然一個男人有五個年輕女人就可以滿足，但五個女人怎麼可能滿足於一個年邁的老頭？像這樣，在世界上許多地區，富人有很多法律和習俗來配合他們的願望。這不僅獲得令名美譽，同時還與國王的願望相符合，聰明的人也就微笑的贊同了。如果人們想想這個陋習，就無法從悲哀中得到解脫。因此，不要光是聽由男性一種聲音發出來的叫囂；僅只一次，見證眞理的本質，並說出誠實而無偏見的言語！

更敦群培喚起他的讀者參與社會行動。他形容這個世界是一個由業（karma）所衝擊的苦惱世界，業是由此生和前世行為所造作。當生命被視為痛苦的荒漠時，妻子的意義就如同一個女神、一塊田園、一個護士、詩人、僕人以及可以感激的朋友：

這個廣闊的世界就好像一個可怕的荒漠，因為過去許多行為造作的力量而變成痛苦。在這樣一個世界中，女性朋友能夠帶來喜悅的安慰，這似乎是個奇蹟。她是一個帶來愉悅的女神，是一塊繁衍家族血脈的良田。人們生病時，她是有如護士的母親。人們悲傷時，她是撫慰心靈的詩人。她打理一切的家務，是個僕人。她畢生以歡笑保護我們，是個好友。一個妻子因為前世的業而與你結上關係，她被賦予了這六個特質。因此，認為女人是多變而且通姦的說法根本就不是事實。

對於允許男人通姦，卻不認同與他做同一件事的女人，他嘲諷這種習俗：

一些男人豢養了女主人，但隨後卻放棄她。據說潔淨的神害怕沾到不潔的女人，哪怕是她腳上的灰塵所掀起的微風，都會讓諸神逃離而去。

他指責這種非佛教徒觀點的風俗，沒有認知痛苦的本質，而把人作垢淨的分別：

人的身體內部都是不淨的，外部則是皮膚。把人分為乾淨的或是骯髒的，是源於非佛教徒的觀點。

從佛教徒的觀點來看，身體是因為前世的行為受到無明的驅策而形塑，因此由肌肉、血液和骨頭所組合的身體是不淨的。

更敦群培指責許多的禁忌事實上是起源於婆羅門神職人員的自私：

據說在一些行為體系中，寡婦是不潔的，她們做的食物不可以吃；然而，這是由毫無慈悲心的婆羅門所傳播的說法。在古印度時代，一個女人的丈夫死了，她要跳到火堆裡去殉葬。如果沒有這樣做，她會被視為是一個活的死屍。寡婦不潔的來源不過如此而已。

而且：

巴巴拉雅的門徒說，與他人的妻子通姦並沒有錯，如果她不是婆羅門或上師的妻子。這是不知羞恥的謊言；大多數短文的作家都是婆羅門，他們都是這樣寫的。如果有見識的人挑戰這種以神聖包裝的虛偽作品，真相就不難明白。在《時輪密續》中說得很清楚，

婆羅門對他們的妻子有一種惡業深重的鄙夷傾向。

他以一種相對的觀點來看禁止和寡婦發生關係的習俗：

有關女人適不適合做那回事的論點，雖然許多人都談過，最好是根據自己地區的習俗。印度強烈禁止或限制和寡婦交歡，當我們理性檢視，可以了解其中沒有禁止的理由，甚至還有很大的益處哩！因此，如果寡婦已經拭去了她的傷悲，而她又還年輕，當然可以做愛做的事。

他延伸此一開放的態度到親戚，但嚴格禁止通姦：

再者，有許多關於相同血統的親戚不得結為伴侶的解釋，除了某些個別地區的習俗，從單一的論點很難決定何者適當、何者不適當。然而，與他人的妻子交歡，無疑是破壞友誼、激起對立和爭端的根源。因為這是一個不好的、羞恥的行為，會為今生與來世帶來痛苦，好人必須像避開傳染病一般遠離它。

典型佛教徒對於通姦的觀點，認為會為此生帶來不和諧（當對方的配偶發現時），並為來生製造一個新的惡業，下一世他將面對婚姻不和諧以及找不到伴侶的報應。

就此很實際的基礎上，更敦群培並不同意當一個人的丈夫遠離就可以和他的妻子同床的論點：

在《愛經》裡解釋道，當一個人的丈夫到遠方時，就可以和他的妻子做愛，但是因為不久後可能生下小孩，這會帶來像上述的麻

煩，所以最好是避免。

不採這樣的方式，他介紹另一個相對的觀點：

在許多國家，伯叔嬸嬸同住一起，兄弟姊妹共處一室，或是同父異母的兄弟姊妹住在一起。這些國家的社會同意他們流傳自己的血統，認為是一種好的習俗。

但是在個別地區的習俗用來對待女人的錯誤方式，卻不能證明是正當的。相反的，他介紹了一個兩性平等的道德立場，必須認知到夫妻是一個結合體。他說：

丈夫的另一半是他的妻子，妻子的另一半是她的丈夫。一個人的身體分成兩半，各自獨立，即使是動物也無法適應。思及此，一個人如果能終其一生對自己的另一半忠貞不二，即使是死後也值得尊敬。

他認為婚姻關係的成功，從佛教的世間法上看來是一個善業，就如同聖者一樣，死後可以裝藏，供人膜拜。但是他結合世間法與出世間法的觀念，在西藏仍被視為離經叛道且不恥。然而，他卻指出了在家庭中培養基本的宗教態度，諸如愛和慈悲，是正確的。

為了建構男女平權，更敦群培甚至消弭兩性在生理上是不同的既定觀念。他解釋男女之間的不同只是基於女人有月經，他有趣的詳述兩性之間在生理上的一致性：

女人的月經來後，她身體的能量降低、肌肉軟而鬆弛、皮膚變

薄，她的感覺極爲敏銳，到老的時候，皺紋會特別多。然而，男女之間的身體，其外部構造並無不同。男人所有的，女人無一樣不有，即使是陰莖和生殖腺，女人也有，只是隱藏在生殖器內部。男人聚集在其生殖器根部的皮膚，在女人則是陰道兩旁的陰唇。陰唇底下有一個小小肌肉，手指般大小（陰蒂），當情慾升起的時候，會漲起變硬，與男人的陰莖無異。如果用手指去刺激它，女人的情慾會很快被激起。在交歡的時候刺激它，性的渴望更加強烈。

陰囊分成兩半，有左右睪丸，在女性則是陰道內兩邊的卵巢。同樣的，男人的腹部也有一個子宮，它是促成少年成長時胸部發育的因素。男人在陰莖的中間有一道切縫，在女人則是閉合性器官的那條線。

既然男女有這些相似的地方，因此把女人區隔成好像另外一種人種是很荒謬的。爲了刻意避免此一刻板的角色，他鼓勵男人不妨像女人一樣來點裝飾：

在頸項上戴上閃亮的黑色鑲綴，在指腹上戴上一枚戒指，如同耳環一般，在腿上戴上飾環。男人就會和他的女人一樣，有相同的舉止了。

但是，男女之間有個表面上看來的差異，就是男人有再生的體液（精液），女人沒有。更敦群培仔細地說明這點，首先解釋什麼是再生的體液，它在體內的功能等。在藏醫系統中，有幾個基本的生理構成要素：營養的精髓、血液、肌肉、脂肪、骨頭、骨髓和再生的體液，後者都是前者的精華。他說：

人體的精髓是血液，血液的精髓是再生體液。身體的輕安、心靈的潔淨等等，大都是依賴著這些精髓。七滴食物的精髓在人體中產生一滴的血液，一杯的血液精髓只產生一丁點的再生體液。

因此，在藏醫體系理，精液並不是從生殖腺產生的，而是從流經整個身體的體液產生的。它透過兩個人溫暖的摩擦行為，從身體的每一部分吸收，再從生殖器醞釀出來：

很清楚的，如果是透過撫弄和摩擦形體，它的精髓會隨之產生。例如，兩朵雲碰在一起，隨即產生氣流而降雨；兩根木頭摩擦生熱，火苗很快就會竄起。同樣的，牛奶的精髓是奶油，但是一開始，它只是混在牛奶裡，把它注入容器經過攪拌，會產生溫熱，隨後它的精髓就會分別出來。同理，血液的精髓是再生體液，最初它只是溶解在血液裡，但是經過男女性行為的攪拌，情慾的能量在血液中產生溫熱，再生體液就像奶油一樣，自然產生了。

以當代國際科學的角度來看，射出的精液還包括其他的物質像是蛋白質，女性的性分泌物也是一樣。更敦群培強調這個基本體液的重要，建議他的讀者要避免可能危害其能量的情況：

如果因為體內病菌以及性的濫交，導致再生體液感染的傷害，這個男子的家族血脈將因此終止。這樣的父母不會生小孩，即使生了，小孩也可能夭折；即使小孩沒有死亡，也可能會有生理上的缺陷。因為這樣，小心從事這類事情還是有必要的。

雖然印藏醫學體系並不知道精液的存在，他們還是有一個源於

環境和心理力量的體液理論。在描述精液是如何在體內聚集產生以及射出，更敦群培提醒在經過強烈的刺激後立即停止動作：

心的能量聚集在何處，感覺器官的神經就會移聚在那裡，藉此，內在的體液會擠壓而射出。當我們想到可口的食物時，唾液會流下來；當緊張窘迫時，汗水會流出來。當情慾升起的時候，陰性的體液會翻騰。當快樂與悲傷的時候，眼淚會流出來。因此，當情慾或是哀傷等情緒升起的時候，在心中，如果情緒中止了，這種阻礙並沒有錯，反而是好的。然而，當非常強烈的感覺升起的時候，如果被驟然停止，這個力量會跑到充滿活力的氣囊中像是心臟等等。這就是為什麼那些獨處的人看起來生氣蓬勃的原因。

壓抑性行為在精神上的影響，會在心臟聚積焦慮的能量，很可能引發精神官能症。

更敦群培對於印度有關女性是否有精液的說法不表認同。其中一個觀點說到，女性在性行為中慢慢分泌精液，結果是女性的性快感遠遠超過男性。另一個觀點是作者支持的，就是錯把分泌物當作精液，雖然他並不質疑女性興奮的持久性和強度。他說，女性是慢慢釋放出來的，不像男性在一瞬間射精，因此，女人的情慾是慢慢激起的，在射精之後也沒有立刻消失。

所有的體系在解釋女性是否有射精的觀點都不一致。在《難陀入胎經》以及寧瑪新譯學派說法中，認為女人是有再生體液的。巴巴拉雅大師的信徒解釋說，從性愛的開始到結束，女人都會釋放出體液。因此，有人認為如果計算性快感，女性是男性的一百倍。然而，有些人卻認為女性因情慾流洩出來的分泌物被誤會是再生體

液。

即使女人有再生體液，它並不像是溶冰一樣慢慢融化釋出，也和男人於瞬間大量放射的方式不同。因此，女人不會像男人一樣在射精後立即得到滿足，然後慾望消退。而且，在射精之後，如果繼續撫弄她，女人不會像男人一般感到不快。有個人說到，當女性體液慢慢分泌，陰道變得濕潤，敏感和喜樂會增強。在這種情況下，認為女人的性快感比較強烈，在這點上，或許巴巴拉雅是對的吧。

庫瑪拉普特拉大師說，有關男女之間放射體液一事並無不同。然而，今日大多數有見識者或女學者認為女性並沒有再生體液。因為我喜歡討論下半身的問題，我問過許多女性朋友，但是她們除了害羞的對我笑著搖搖手，沒有一個人能給我真誠的答案。雖然莎拉娃蒂女神和度母會老實的說，但是她們卻無法提供答案，因為她們是超越這個世界的。當我自己檢視，女人是沒有再生體液的，但是她們有分泌物。不論它們是體液還是氣，一個有經驗的男人如果檢驗的話，他會知道的。

很顯然的，西藏人認為女性的精液是一種氣，但更敦群培說，如果真實的去檢視的話，會知道它明顯的是一種液體。

因為女人分泌的性體液與男人不同，在激起情慾方面，她們有特殊的需求，以下會討論。因此，兩性平等的認知並無礙於辨識男女的差異性，關鍵在於經濟、社會、政治上的作為，擴大了兩性間的差異，強化了男性優勢與歧視女性的現象。

更敦群培讚揚女性的角色，她們的活動有效而且成功：

不管什麼樣的活動——大的或小的，為了個人的因素，為了國家普遍的好，為了國王的統治，為了窮人的生計——女人是不可缺

少的。不管是爲了需求而祈禱或是供養神佛，據說如果與女人共同來做這些事，效果不但迅速而且必然圓滿。

他的觀點不是對於平等的冷酷評價，而是對於女性價值溫暖的認知。從他對女性生殖器描述的熱情可以看出：

它微微隆起，像龜背一般，有個小口——門被肌肉闔上——蓮花入口被情慾的溫暖燃燒，陶醉著。看這個微笑的小東西，帶著情慾體液的光彩。它可不是帶著千百花瓣的花朵，而是一個充滿著情慾體液的甜蜜小丘。是紅白菩提相遇所粹煉的精華汁液，自生的甜蜜滋味盡在其中。

六十四種情愛的藝術

　　明白兩性的平等以及女性需要慢慢刺激，男人不能站在男性沙文主義只顧及自己的情慾發洩，如同更敦群培所說：

　　一見面之後，就猴急的直接進入，一碰觸就洩精了，這是狗喘不過氣的方式，一點樂趣也沒有。

　　他表示，情愛的許多藝術和技巧是激起女性的情慾讓她快樂，否則就是侵犯她的人權：

　　簡言之，所有這些情慾論的本質並不是性行為的表現，而是藉著許多的前戲激起女性熱烈的情慾。一般認為女性變得激情的徵兆是陰蒂勃起、顫抖、肌肉顫動、興奮熾燃、產生女性分泌物、臉頰泛紅、目不轉睛。如果女方沒有激情的擁抱，男方就急吼吼強行進入的話，這是低等動物的行徑，是大罪過。

　　強行的性行為是違反自然的罪過，因為它褻瀆了她的需求、慾望和權利。而完全的激情不僅帶給女性愉悅，也增強了男性的快樂。因此女人也需要了解六十四種情愛的藝術：

　　假使像個恐懼的小偷在偷吃，夫妻間在黑漆漆的床上只是輕聲的、溫文的耳鬢廝磨一番，然後就洩了，這不算是完全的性愛遊戲。因此，多情男子與女子必須要知道六十四種情愛的藝術，它會帶來喜樂的滋味，這些滋味的不同有如糖漿、牛奶和蜂蜜。女人如果深

諳情慾的形式，就能使男人瘋狂，在做愛的時候迷戀她，這稱作最棒的女人。

它的目的是透過各種途徑刺激身體和想像，沒有任何拘束的去認知：

簡單的說，身體通常不被他人碰觸的部分很敏感。據說這些部位會產生熱度和濕氣，肉體有洞且長毛的部分就是情慾的門戶。

一再注視九個部位：耳朵、頸部、臉頰、腋下、嘴唇、大腿、腹部、胸部、私處，輕咬它們，撫摸、吸吮這九個地方。根據你的判斷決定適不適當。

雖然更敦群培避開虐待狂，但他玩笑地描述類似交戰的技巧：

發出一些淫蕩的聲音、大笑、喊叫，彼此掌摑、互咬、用力捏，從頭到腳交替做，這稱作男女情慾交戰。狂喜的咬、用力的抓，找到機會粗暴的進入，這是叢林中野獸自然發洩性慾的方式。

狂野的動作被視為是我們天性的一部分，還需要一些精巧的藝術補充以更增加性愉悅。更敦群培把這些技巧分成兩類——六十四種藝術和不確定的行為。他把六十四種藝術分成八項，每一項又有八種技巧：

1.擁抱
2.親吻
3.捏與抓

4. 咬

5. 來回移動與抽送

6. 春情之聲

7. 角色轉換，或是女人對男人服務

8. 交歡的方式

在《愛經》中，華茲雅雅那指出，他用「六十四種藝術」一詞不是取其字面上的意思，而是以隱喻的方式泛指會描述很多的性技巧。他說在巴巴拉雅門徒的體系中，他們是取字面上的意思，把情愛的藝術分成八大項，每一項有八種。最後一項包括口交，但是並沒有像更敦群培把「交歡的方式」獨立出來，而是含在「來回移動與抽送」一項中。

更敦群培與巴巴拉雅的門徒一樣，採用「六十四」的數字，把情愛的藝術分成八項，每一項八種，但是他把口交那一項分出來放在另外一類「不確定的行為」中，並沒有被完全的介紹：

用舌尖吸吮、拍擊、愛撫，有無數種不確定的行為，像是口交，它們是特別熱情男女的行徑。

印度文 mukhamaithuna 的意思是口交，mukha 字面的意思是口，maithuna 的字面意思是結合，他把這項分到最後一章處理。

雖然認同巴巴拉雅體系採取六十四種藝術逐項的處理，更敦群培對它們做了獨特的詮釋，在細節上充滿著喚起意識。而且，他還描述了更多不同的姿勢。讓我們來逐一確認。

第一種藝術：擁抱

更敦群培指出，擁抱的目的是激發情感、消除壓抑：

透過這些方法激起情慾，
女人解開放下她的秀髮，
輕吻並撫摸男人的寶貝，
變成一頭滿願的許願牛，
摒棄一切的偽裝和害羞。

許願牛是神話中的動物，牠會滿足人們的願望，給予他們所想要的一切。牛在農業社會中是不可或缺的，是一個慷慨給予的象徵。

更敦群培改寫了《愛經》，潤飾增刪了巴巴拉雅和蘇瓦納那巴的內容。八項擁抱之中的五項與《愛經》所述類似——透入、緊抱、愛情鳥、爬藤、水乳交融，這些都是源自巴巴拉雅。

1. 碰觸：看似不經意的碰觸對方。
2. 透入：女方以胸部碰觸男方的背部。
3. 緊抱：男方將女方壓靠到牆邊，輕咬她的臉頰與香肩。
4. 愛情鳥：腹部貼腹部，男方將女方抱起來。
5. 爬藤：立姿，女方將單腳放在男方腳上，另一隻腳纏在他的腰上。
6. 風拂椰樹：腿部貼腿部站立，女方挨著男方輕搖她的上身，並深情的注視著他。
7. 旗正飄飄：立姿或是臥姿，雙方擁抱，之後女方將下半身對準男方，黏貼在一起。
8. 水乳交融：雙方裸裎在床上，纏綿擁抱。

第二種藝術：親吻

更敦群培詳述了親吻的九個地方：

耳朵、頸部、臉頰、腋下、嘴唇、大腿、腹部、胸部和私處——這
九個敏感帶是親吻的地方。根據你的判斷決定它們適不適當。特別
是從胸部以下到膝蓋之間，只有透過性的撫摸才會舒服溫順。

這九處和《愛經》所敍述的差不多，但是華茲雅雅那並沒有列
出私處，他只提到在拉塔（南古遮拉）這個地方很流行親吻私處，
但是「並非每個人都適合」。更敦群培同樣的要求讀者自己去決定適
不適當。

親吻的順序是從上身到下身：

最初親吻肩膀，
然後是腋窩，
接著慢慢游動到腹部。
如果要激起情慾或是淘氣，
親吻大腿和私處，
最後再引水入渠。

親吻會激發和集中情慾的能量，使得隨後的動作更加激烈，像
是匯聚支流的水進入湖泊一般。

更敦群培在親吻這一部分與《愛經》完全不同。雖然在他的詮
釋中，有四項名稱和《愛經》相同——喚醒之吻、悸動之吻、慾望
之吻、上唇之吻，但是除了悸動之吻的意思源於《愛經》之外，其
他的都是更敦群培以此為基點作出創造性的形塑或擴大解釋。

1.喚醒之吻：雙方先前已經認識，再度相會時互相承認的親吻。

2.最初之吻：男方輕捏害羞女方的耳朵，親吻它和她的額頭。

3.悸動之吻：悸動的吻在唇上。

4.慾望之吻：女方以唇和舌撫吻男方的身體，顯示她已經興奮了起來。《愛經》中提到一個年輕女子，只碰到她愛人的嘴唇，由於害羞而沒有吸吮他的唇，翻譯成「嬌羞之吻」或是「象徵之吻」。在《愛經》中所述的嬌羞之吻，在更敦群培的敘述中，已經是慾望成熟的吻了。

5.水車之吻：以臉頰撫摩對方的鼻子，吻他的嘴，把舌尖伸進對方的口中。

6.上唇之吻：在男方吻遍女方之後，女方以同樣的方式回吻。《愛經》解釋 uttara 這個字的意思是指「上面的」。女方吸吮男方的下唇，男方吸吮女方的上唇，因此將它翻譯成「上唇之吻」。

7.寶篋之吻：女方躺臥，男方親吻吸吮她的腹部。

8.最後的吻並未加以命名，這是在射精之後陶醉的吻。在《愛經》中沒有提到。

第三種藝術：捏與抓

捏和抓有很多的功能，從激起情慾到刺激性快感、留下回憶的印記：

捏與抓的目的是克服畏怯，分散注意力，釋放身體的騷癢，以及傳達內在強烈的情慾。據說如果雙方激情的以指尖捏對方的胸部和私處，稍後兩人分手之後，這成為一個無法忘懷的印記。

這個動作可以做到多種不同的程度——以手指伸展去感覺，稍

重而不受傷的捏，指甲戮進留下印痕，捏到她受傷等等：

在大腿上、背部、胸部捏出紅冬冬的指甲印。在腋窩下、龜頭、陰莖、陰道等處用伸展的手指去搔癢、感覺，不要捏受傷。也有一說有時在肩膀、頸部、肩背捏傷也不妨。據說直到傷痕痊癒消失了，愛慾的喜樂之情還在心頭蕩漾呢！

從上半身開始揉捏，慢慢下移，直到射精：

一見面先捏她的頸部和肩膀。準備進入她體內的時候，揉捏她的乳房。進入時，捏她的背和腰。射精的時候摩擦她的背脊。只要他對裸裎的她不感到害臊，只要他如鯁在喉的慾火還沒有止熄，只要他的精液已經準備噴出，這時候咬她、捏她。當男方即將射精時，女方只要用力捏他的耳朵上半部，他立刻就一發不可收拾。有時搔他的腋下也可以達到同樣的效果。

對某些人而言，以這樣的捏抓來增強快感，變成性愛不可或缺的一部分：

捏的動作變成一種習慣之後，性愛中沒有它就無法滿足。在某些地區，熱情的女子對於指甲的抓捏有強烈的慾求，性愛中如果沒有咬和捏的動作，簡直就像沒有吻一般乏味。

捏與抓的八種名稱在順序上和《愛經》略有不同，但是在意義上，更敦群培採取完全不同的詮釋。兩本經中八種捏抓解釋的素材也不同。

1. 裂絲：在她的胸部留下如米粒般的捏痕，讓她發出介於呻吟與叫喊之間的聲音。
2. 長痕：先用舌尖輕舔，再用大拇指甲從陰道口上滑向肚臍。要欣賞更敦群培的詮釋是如何不同凡響，只要比較他和《愛經》對於在身體上印烙一長條形的印記，其解釋方式之不同即可知。
3. 虎印：擁抱，彼此以指甲輕撫對方的背部，從上到下慢慢移動。
4. 圓圈：女方以手掌壓擠男方的陰莖，拇指輕壓其餘四指在根部繞圈輕撫。在《愛經》中解釋圓圈是指兩個半月相對，不用說，更敦群培的解釋是完全不同的。
5. 半月：緊握她的大腿和乳房，用四根指甲捏她。
6. 孔雀足：用四根手指甲捏，在她的乳頭和陰唇留下印痕，有如孔雀足。在《愛經》的解釋是用五根手指甲在她的乳房和乳頭留下印記。
7. 兔躍：雙方交替的抓捏對方的背部。《愛經》描述此為在乳頭上留下印記。
8. 蓮瓣：在肩膀上、兩個肩膀中間、胸部、腹部留下深深的印記。

　　更敦群培說，印度人認為抓與咬的印記甚至使人引以為傲，慢慢成為一種淫蕩的遐想：

　　一看到年輕女子乳房上的指甲印痕，或是看到男子身上有女子的齒痕，即使是皇后也不由得顫抖起來，她的矜持立即消逝無蹤。

　　有些人發覺收到鮮花或水果禮物上包裝著抓與咬的印記，特別具有誘惑力。

據說即使是送鮮花、水果、糖漿、物品等等，如果以齒痕或指甲的印記封緘，將立刻激起她的情慾，打動她的芳心。

第四種藝術：咬

當情慾變得強烈時，就開始不自覺的咬：

雙方會面之後，當情慾增強或是準備要交歡的時候，他必須要壓、推，以掌輕拍她，拉她的頭髮、咬她。

更敦群培略表保留的指出，在印度，一個女子在她的下唇留著齒痕，還被當作是一種裝飾呢。

在印度一些地區，還看得到有些女人在下唇留下咬痕一般裝扮點印記。有人說情慾的痕跡正是女人的最好裝飾品。

更敦群培所列舉的前六項咬痕在名稱上和《愛經》類似，只是順序上稍微不同，但是他所賦予它們的意義卻截然不同。更敦群培的第六項好像是把《愛經》中的第六、七兩項結合，而《愛經》中的第八項「野豬之咬」並未出現在他的解釋中。

1. 小點：吻她的頸項，以上下齒咬她的下唇。
2. 紅腫：咬她的嘴唇，稍後會紅腫。
3. 美味小點：兩只精巧的齒印在下唇與下巴之間留下印記。
4. 珊瑚：在臉頰和肩膀上留下串連的小紅點。
5. 串連小點：緊抱著裸裎的她，注視著她的身體，並咬她肉體的每一部分。

6. 朵朵雲：在她的乳房上、背上，留下一齒疊上一齒、朵朵如雲的印痕。

7. 花囊：用舌頭和嘴唇用力的吸吮。

8. 白楊根：用牙齒在臉頰上、腋下和肚臍下方輕咬摩擦。

第五種藝術：來回移動與抽送

　　有關性愛的姿勢，更敦群培寫了兩章，《愛經》只有一章的篇幅。其中一章是八項性愛藝術的第五項，另一章則在第八項。他以兩章性愛的姿勢替代《愛經》中的口交那一章，並將它們從八項之中分出來，放在不確定的行為那一部分之首。

　　在這一節中，更敦群培說不只有八種姿勢，而是二十種，認為八種只是交歡的主要方法，另外的十二種則是次要的。並沒有合理的理由分別什麼是主要、什麼是次要。他所關心的只是數字上的工整對仗而已──八種藝術，每一種有八項。

　　在十二項次要的姿勢中，其中四項比前八項更重要，其餘的才是真正的次要。此前四項在《愛經》「性愛的姿勢」一章中可以找到，只是說得沒那麼詳盡。

1. 螃蟹：女方仰臥，男方抬起她的腿至膝部，然後進入。它的變化是女方握住腿向後收，或是男方用衣物綁住女方的腳，將它抬高超過自己的肩膀，或是女方以膝蓋拍打男方的側身，或是女方仰臥將腿交纏在男方的背上。

2. 仰臥的牧牛：女方仰臥，抬高膝蓋伸直大腿。這就是西方人普遍知道的「傳教士姿勢」，面對面，男上女下。

3. 門戶大開：雙方採取跪姿，女方張開大腿，手抓住男方的肩膀，男方則握緊女方的乳房，雙方的上身略有距離。在《愛經》中這

是「母鹿式」三種姿勢的第一種，女方在臀部底下墊一個枕頭使得她的門戶得以大開。

4. 因陀螺伴侶：女方的兩腿交纏著男方的一條腿，如此四腿交疊。在《愛經》中這是「母鹿式」的第三種姿勢，女方抬起她的腿放在身體側邊。

在談到八種主要的性愛姿勢之前，更敦群培提供了一些不同的姿勢：

女方在下，男方從上面來，做吧。
女方騎在男方身上，做吧。
同樣的，雙方側躺，做吧。
有時候不妨從後方來。

坐姿，做吧。站姿，做吧。
頭腳相向以顛鸞倒鳳之姿擁抱，一樣做。
同樣的，用衣物將她的腳捆綁懸吊起來，做吧。

他加註了一個警示：

這八種主要的性愛姿勢，在自家私密的地方，你可以隨心所欲去做。對於不熟悉的環境或可能傷到身體、神經、骨頭、肌肉等動作，不要猛然去做。

這八種姿勢之中，只有兩種在《愛經》中有提到。一種在第二章第六節，一種在第二章第八節顛鸞倒鳳的主題中。決定各種姿勢

之間的界限是有點困難的，更敦群培在這些點上做了詳述。

1.蜜汁：放一個軟墊在她的臀下，女方將腿纏繞在男方的腰部。
2.猛力：女方俯臥，兩腿併攏，男方以騎馬之姿進入時，女方用力挾緊男方的陰莖。
3.搖擺：女方仰臥，以腳後跟墊地將男方頂起。
4.壓下：立姿或跪姿，傾身，十指交握，碰觸地面。
5.站交：採取立姿，雙方交互倚靠牆壁，從前方進入再從後方進入。
6.中空：女方坐在一張桌上，將腳放在男方的肩膀，男方分開她的腿，直接深入她的蓮心。一個變化的姿勢是，綁住她的腳踝，將腳抬高過他的頭部，讓男方得以用手分開她的雙腿。
7.同樂：男方交腿而坐，女方面對面坐在他的膝上，兩腿交纏在他的腰上，腳著地，她像鞦韆一樣的前後擺盪。
8.輪形：女方坐在男方的膝上如前姿，男方抓著女方的臀部轉圓圈，一圈又一圈。

　　更敦群培加了另一套八種姿勢，其中五種與《愛經》「顛鸞倒鳳」一章所述類似：

1.攪拌：男方搖動女方的臀部，左左右右、出出入入，像攪拌牛奶一般。在西藏攪拌牛油時還有上下的動作。
2.鼓翅鳥：男方用手導引陰莖採不同的角度衝刺女方的蓓蕾。
3.超猛：女方俯臥，伸展雙腿但緊緊併攏，男方如青蛙般的趴上去。
4.痛快：好像耕犁，男方上下擺動他的臀部，分開她的陰戶。
5.陶醉：驢子或是騾子的姿勢，雙方的性器官緊緊的密合，男方用力抽送一陣子。

6. 公牛：男方進入之後，用陰莖的頂端在女體內向上衝刺，雙方的下身互相拍擊。

7. 雄馬：將陰莖抽出後，再深深的刺入至根部，發出滋滋的聲響。

8. 野豬：陰莖溫柔的進入，然後向上頂，完全進入之後，男方用力推送並且擺動。

作者建議讀者們，累的時候不妨稍事休息，激發以後再開始，直到完全滿足：

當累的時候，雙方前額相碰稍事休息。接著，再以稍早的良好狀況進行性的歡愉，直到滿足。

性愛的目標不只是激情，而是完全沉浸在深度的喜悅之中。

第六種藝術：春情之聲

《愛經》提供了一些鳥和蜜蜂的聲音，顯示至少其中六種成為更敦群培的資料來源——家鴿、布穀鳥、蜜蜂、野雁、鵪鶉、野鴿，但是沒有細節，而更敦卻做了描述。《愛經》在「愛的叫聲」這一章中圍繞在以打的形式引發喊叫之聲，更敦群培只提到一次用打的方式，這顯示他試圖避免暴力的做愛方式，他只談到透過陰莖的進入打擊或碰觸敏感帶，引發女方呻吟或喊叫：

當情慾的焦點被擊中，好像胸部被冷水潑到一樣，女人會立刻發出「喔」的驚恐聲。「呼，呼」的冷呼吸隨著發出。有時會發出沒有字義的呻吟，有時會發出清楚表達字音的喊叫。性愛的愉悅會發出八種不尋常的鳥叫聲。

激情的強度會引發顫抖的喊叫，痛苦和快樂神奇的結合，產生了喜樂的奇妙經驗：

被用力的衝刺，感到心滿意足了。

雖然因慾火焚燒而疼痛，喜樂也被點燃了。

雖然因無法忍住而呻吟喊叫，喜悅從心底發出了。

喔！不可思議的喜樂！

認識不同形式的喊叫方式，其目的之一在於打開心扉，經驗更深層的狂喜——不要阻撓自然升起的感覺。因此，雖然這八種春情之聲是描述女人的叫聲，它們同樣適用於男人：

1. 家鴿之聲：女方擁抱著男方並把嘴唇送上，男方拍打女方的臀部，女方會發出「嗯」的聲音。

2. 布穀之聲：當龜頭深入子宮的底端，她會叫出激情之聲「喔」。

3. 孔雀之聲：當激情無法忍受時，女方會發出不清晰的喊叫聲，並尖聲叫，好像正跌落山谷一般。

4. 蜜蜂之聲：一種無法言喻、幾近暈厥的大樂感，想像天地交合一般，她會發出像蜜蜂探蜜的嗡嗡聲。

5. 天鵝之聲：當女人的羞怯被強烈的激情撕裂，無法忍受尖銳的衝刺，她渴求再用力的壓，叫道：「樂死了！夠了！」

6. 鵪鶉之聲：當男方進入之後，她受不了了，希望他趕快抽出去，叫喊道：「救命！夠了！」

7. 黑鵝之聲：由於雙方器官緊密的結合，她飢渴的期盼男方再用力進入，她呼喊道：「就像這樣！」

8. 野鴿之聲：男方如此用力進出，女方也用力叫喊，幾乎每個人都

聽得見，她叫道：「完了！」

從佛教徒的觀點，就真實的本質來看，一個人處在極樂之中會叫道：「就像這樣！」或是「完了！」是很自然的，一點也不誇張。

第七種藝術：角色轉換

角色轉換不只是受到熱情女子的愛好，對一些人而言，也是激發情慾不可或缺的方式：

這些性愛的方法，從下位移轉到上位，適合陶醉於情慾的年輕女子。瑪拉雅等地的女人習慣於這種方式；儘管她們對喜愛黃金，卻不願爲它躺在下位。

對於虛弱、疲倦、肥胖的男人，更敦群培也推薦這種方式：

一些虛弱、疲勞、過胖的男人，或是有強烈情慾的女人，適合採取女上男下的體位。這是一般熟知女性服務男性的方式。在印度一些老夫少妻，因爲老夫無法從事下腹部的激烈動作，大多採取這樣的體位。在許多地方，這是普遍的方式。

爲了克服誇張的陳腔濫調，即一般所謂的男主動女被動的觀念——或許描述成插頭和插座可能更好些——更敦群培請求人們也能了解到男人和女人都含有少許異性的特質：

男人有一些女性的特質，女人也有一些男性的特質。當女人騎在男人身上，如果她過去不曾看過，她會覺得很驚訝。

如果女人想要受孕，角色轉換的姿勢並不適宜，因為女人在上方，精液不容易流入子宮內。同時，若女人懷孕時，也不適宜這種姿勢，因為會過度刺激子宮：

　　如果兩人想要生子，或是女方已經懷孕，最好避免這種姿勢。

　　在角色轉換的八種姿勢之前，更敦群培提供了四種輔助的姿勢，只有最後一種他給了名稱。

1. 女方面對男方的腳部，腳後跟抵在他的腋下，翻轉下腹部就男方的陰莖，好像插在一根木棍上。
2. 女方仰躺在男方的上面，頭部對著他的腳部，移轉下腹就男方的陰莖。
3. 雙方都採坐姿，彼此將一隻大腿放在對方的腿間，另一隻則環抱對方的腰。這在立姿或是臥姿的時候也可採行。
4. 香水花園：男方坐姿，腳放在地上，女方坐在他的膝上，腳環抱他的腰，男方用手臂將女方抱著上下搖擺。偶爾女方可以旋轉她的臀部，刺激陰道。

　　在角色轉換的八種基本姿勢中，《愛經》只提到兩種——第一種在「性愛的姿勢」這一章中，第二種在「顛鸞倒鳳」這一章中。

1. 母馬式：男方仰躺大腿伸展，女在男的上方，抱住他的肩膀，搖動她的下腹部。
2. 蜜蜂式或採蜜式：採女上男下姿如上式，用力緊壓，雙方擁抱，女方不停的左右搖動、上下抽送。梵語的 bhramaraka 是指蜜蜂

六十四種情愛的藝術

以及旋轉的陀螺兩種意思。更敦群培採用「蜜蜂」的意思，《愛經》則採取「旋轉的陀螺」或是「輪式」之意，「輪式」是有關陶工的旋轉磨而言。

3.搖船式：男方躺下，女方跨坐在男方的下腹上，腿部放在他的胸側，兩人手掌交合，像鞦韆一樣擺動。陰莖在女體內移動，就像磨坊中間那根穿透底部到頂部的中柱一般，讓他們在旋轉時保持原位。

4.進出式：男方在下，女方騎在上面，手腳著地，背部拱起。彎下頭看到男方的陰莖進入陰道內，又出來，如此進進出出。

5.床聲式：女方坐在男方的下腹，伸展她的腿至男方的腋下，將手放在地上，像盪鞦韆一般前後擺盪，或是像搗杵一般的上下搗動。

6.對面式：男方上半背部墊個枕頭仰臥，女方以腿環抱男方並擁抱他的肩膀。他們採取前述的鞦韆與搗杵的動作。

7.取袋式：男方在下以腿環抱女方的腰，採取盪鞦韆的動作。

8.反面式：男方躺下，快速的收縮膝蓋，盡可能的快速；女方背靠著他的腿，由她做進出的動作。這姿勢進入很深，不適合孕婦。

第八種藝術：交歡的方式

《愛經》在交歡的第八種方式是「口交」，更敦群培將它分開另起一個題目稱作「不確定的行為」。第八種藝術他改成「交歡的方式」，除了第七項，其餘的姿勢都是從後方進入。他頌揚後方進入的姿勢，因為它能激發女方的情慾：

因為是從後方來，會碰觸並摩擦到陰唇，激情因此升高。它能滿足強烈的性快感，特別是帶給女人極大的喜樂。

更敦群培以「後姿」一章取代《愛經》的「口交」一章，強調增強女性的喜樂可能是主要的原因吧！

雖然集結了數種輔助和變化的姿勢，這八種卻是更敦群培刻意要介紹的。他只為其中之一命名為乳牛，這進一步證明了他改編印度資料的創造力。八種方式簡述如下：

1. 女方坐在男方的膝上，背對他，男方一手搓揉女方的乳房，一手撫摸她的陰唇。
2. 雙方側躺，男方從後方進入。
3. 女方仰臥，兩腿懸空，男方採取跪姿。
4. 男方仰臥，女方背對男方，坐在他的上面。
5. 乳牛式：女方採跪姿或是彎下，男方從後方結合。在《愛經》中這個姿勢出現在交歡姿勢的第五種藝術。
6. 女方仰躺在男方的身上。
7. 女方坐在一個平台的邊緣，男方從前方進入。
8. 女方俯臥在一個墊子上，男方從後方進入。

從後方進入或是女方採坐姿，是提供給那些避免懷孕的：

簡言之，所有交歡的方式：㈠若女方生殖器是朝下，而男方的陰莖是在陰戶的下方；㈡女方的腰部沒有向前彎的話，都有助於避孕。一旦射精之後，女方必須站起來並以腳後跟在地板上猛跳，以溫水清洗陰道。它的效果如同服用避孕藥一樣。

雖然藏醫系統有述及避孕藥的使用，但是它們的效果還有待臨床實驗來檢證。

不確定的行為

口交,《愛經》中列爲性愛藝術的第八項,更敦群培把它分開專章處理,儘管口交可以激發情慾,但或許它對於某些人還是禁忌吧:

做一些不合宜的動作,性慾會像夏天的湖水一樣氾濫。然而,對一個不熟悉它們的女人會感到尷尬,這些不尋常的方式是完全禁止的。

因此更敦群培建議讀者要克服對口交的偏見。要逐漸去除生殖器和性體液是不潔的感覺,他求助於經典的權威:

有本古代的經典說,女人在交歡時從身上流出來的一切體液都是乾淨的。據說有一位婆羅門,在做愛的時候,一定要喝從女人嘴裡送出來的啤酒,他才會滿足。

在行間註記上,他引述印度的一本經典:

當鳥在飛翔,狗在狩獵,小牛在吸奶時,牠們都是乾淨的。(同理,女人在交歡時,從身上流出來的體液也是乾淨的。)

《愛經》說,一隻狗咬住鹿的時候,牠的嘴是乾淨的;一隻鳥銜水果卻掉落地面的時候,牠的嘴是乾淨的;一隻小牛在吸奶的時候,牠的嘴是乾淨的;一個女人接吻的時候,她的嘴是乾淨的,同樣的,她在做愛的時候也是一樣。這似乎是人們對食和色的渴求,其務實性超過文化不淨觀念的例子。

爲了鼓勵讀者去體驗,更敦群培提到西方社會流行口交,印度

早期也盛行口交，這可以在寺廟的一些塑像中得到證明：

當代西方的女人對於口交非常的熟悉，過去在印度的鄉間也很流行。大部分婆羅門的老寺廟都充滿了這些雕像。

他也證明了有些實修無上瑜伽的行者運用強烈的性能量，讓所有粗糙的意識消退，進入細微意識狀態，尤其是自性淨光的呈現。在這種情況下，精液是不能外漏的，停留在脈中，以增強大樂的喜悅狀態。

對於那些沉醉在無盡喜悅的人，由於內部的大樂在熾燃震動——精液被束縛在數千條的脈中——這是沒法被禁止的。

面對一個熱情奔放的美女，他建議把禁忌拋一邊：

看著眼前的鏡子，做吧。
用牙齒囓咬她的乳頭，吸吮它。
用舌頭舔淨她滴下的體液。
陶醉，忘了過去，瘋狂的做吧！

彼此在身上塗抹蜂蜜，舔乾它。
或是，舔那天然的汁液。
吸吮那修長、圓渾的陰莖，
陶醉，忘了過去，瘋狂的做吧！

說說淫穢的故事。

把最私密處完全的暴露。
遐想平時不敢啓齒的事，做它。
不需要任何的思考，只是陶醉，瘋狂的做吧！

同樣的：

把做作的花朵丟在腦後。
把猶疑的植物像鳥食般扔了。
羞怯的母魚已被母烏鴉抓走。
不管你是什麼，你只活在此刻。

以及：

　　一個男人變得有多熱情，一個懂得技巧的女人就會以同樣的熱情摸他、抱他，向他展示乳房，並使他陶醉得文字都難以言傳。她呻吟，不斷的吻，而男人對準她的胸部和下半身，擁抱她。以完全陶醉的形式，裸裎相對。拋棄所有的羞怯，以燃燒的熱情、性感的臉，她看著他怒舉的陽具，用手撫摸它，讓他醉倒吧！

　　克服尷尬的節奏貫穿整本《西藏慾經》，尤其是有關口交這一部分。尷尬會抑制能量，當束縛解除以後，可以強化性快感。
　　更敦群培只談到異性戀的口交，但是《愛經》安置了八種非異性戀的口交方式。因此，值得注意的，他的書似乎沒有留空間給同性戀者。例如，他說：

　　對每一個男人而言只有女人，對每一個女人而言只有男人。

而且：

慾界是處於情慾的層次，慾界眾生都在尋求情慾。所有情慾快樂的實現正是男女性器官結合的大樂。哪個男人不渴求女人？哪個女人不渴求男人？除了外表假裝不一樣之外，所有的人都是一樣的。

以及：

降生在慾界的眾生，
無論男女都渴求對方；
慾望的喜樂是喜樂之最，
高等或低等眾生都可輕易發現。

更明確地：

只要看著或是愛撫著女人的香肩、乳房和私處，
任何一個人他堅定的心念都會被瓦解，
以致他的精液沒有不流洩的。

更敦群培精心的剔除了《愛經》描述同性口交那一部分，略去同性戀的性愛，主要是它關係到西藏寺院的同性活動，他自己在裡面過了大半生。或許他的沉默——他也沒有嘲弄同性戀——是由於他很明顯的迷戀女人，以及寺院中嚴格禁止同性性行為的情況下，一些人為了宣洩鬱積的能量而做出同性的性行為，在男性中心的態度下，有時候也睜一眼閉一眼。在《西藏慾經》中唯一見到的一句暗示性語言是：

男人有一些女性的特質，女人有一些男性的特質。

　　在西藏文化中沒有同性戀的觀念，西方社會也是最近一百五十年前才有的。因此，就缺乏同性性愛這一點上，雖然不完全，這本書在情慾的藝術方面幾乎不能說是缺點。大體上，同性行為在西藏文化中並不成為問題，只要它保持區隔。

　　他只提供了一個口交的姿勢。女方俯臥在男方的上面，頭腳相向，她的臉埋在他的腿間，男方亦同，如此他們能夠彼此口交。他說在梵語這稱做 mukhamaithuna，此外，它也是一般熟知的「快樂旋轉輪」，它的快感加倍。更敦群培所描述的這個姿勢在《愛經》中稱做「烏鴉式」，這是一種同性的口交方式，放在口交一章八種姿勢的最後，描述紈袴子弟的口交行為。

　　華茲雅雅那對於口交的適宜和不適宜給了許多不同的意見，而更敦群培卻毫不遲疑的推薦給對它持開放態度的人。他還提到某些行者為了輔助無上瑜伽的修行，推薦它來增強性瑜伽：

　　口交的行為在一些空行母的論述中有描述，為了滿足極度熱情的男女，他們能夠持住體液精髓在體內而不外漏。

　　空行母是很特殊的靈體，尤其是奉獻來協助無上瑜伽密續修行的人，能夠激發性能量而不外漏。讓我們來談談這主題吧！

肉體歡愉和心靈內觀

更敦群培讚頌性的狂喜是轉化靈性的一種途徑：

當自生體液（女性的精液）進入男性體內，
當月亮的精髓（男性的精液）在女性體內消溶，
較高的能量和大樂確切的達到了，
她們成為濕婆和烏瑪。

他描述性行為如同神聖的儀式：

渴求情慾的熱火強烈燃燒，進入情慾的聖殿。躺著一個美麗女
子的床正是為喜樂而設置。

以及：

在緊綁的大腿間找到紓解，
重壓那神祕的門扉，此處正是三路交會地。
將那帶著紅色珊瑚頭飾、炙熱的龜頭放入，
在神聖的殿堂中做吧，把歡樂賜予女人。

他頌揚沉醉於興奮的能量：

自性的喜悅實現了，
它來自一個人不滅的本質，

蜂蜜的滋味來自於自生的體液，
這個感覺有如千絲萬縷的拂薀，
即使是天神的舌頭，
也不曾品嚐到如此美味。

　　似乎他只是取得詩人的許可證，只會作詩，但事實上他不是的。例如，他談到男女在性行爲時身體內呈現的本尊：

　　在喜樂的時候，男神和女神引起大樂而安住在男女身體中。因此，什麼會成爲人們畢生的阻礙呢？如果我們的作爲都是勝利的，權力、才幹、青春都還在前閃耀。醜陋、骯髒的感覺停止了，人們此時已在恐懼、害羞的觀念中解脫出來。身、口、意三業所作所爲皆清淨，此時即處於極樂狀態。

　　《西藏慾經》和《龍樹中觀奧義疏》最常見的節奏就是不安和限制的觀念，如果能從中解脫出來就得自由。如稍早的引述：

　　檢視我們的經歷，從孩童到老年，我們改變了多少的態度？自信如何能放入流行的觀念中？有時候即使看著一個女神，也會感到厭惡；有時候即使看著一個老婦，熱情油然而生。一些現在存在的事物，過不久就消失了，一些新的東西隨後又出現。數字是不能夠欺瞞心的。當我們了解了這些，心就當下立斷，我們把妄念視爲實相的根源也立時被摧毀。這就是狂喜的大解脫，另一個同義詞就是自由。

　　他強調實相是超越概念式的陳述：

人們探究一件事情的本質有多深，

學者沉默的程度就有多深。

因此，所有微細現象的本質都超越了概念、思想和言語。

在激情的興奮中，概念式的陷阱都會被大樂的非概念心靈澄澈
的狀態所融化。

清晨希望與懷疑的雲朵在午夜的時候消失。

自生之月溶入牛奶之中。

給予年輕女子美妙的極樂吧，

那澄澈而非概念的狀態。

男性的精液在龜頭流出來時被認為是冷的狀態，因此被比擬成
月亮。透過性行為，它融化而且向下流動，引發較微細以及更具能
量的心識出現，因此這被用來修行心靈之道。

更敦群培談到這方面的過程，但是在細節上並未詳述。因此，
我們就在此引出西藏傳統對於情慾大樂、死亡的過程、意識的層次
等內容吧。我的陳述是根據格魯派和寧瑪派在密乘無上瑜伽的觀
點。密乘也稱作金剛乘，是傳統中接受釋迦牟尼佛法教的兩種基本
形式之一。

大樂、死亡和無上瑜伽修行

在大樂的時候，所有最細微、最具能量的意識、根本淨光的覺
性都會出現，只是它是無意識地有待訓練。密集金剛本續將意識分
為粗的、細微的、極細微的。在無上瑜伽中，密集金剛本續的重要
性等同於時輪金剛密續。我們都很熟悉心的較粗層次——眼識對於

顏色和形狀的辨識，耳識對於聲音的辨識，鼻識對於氣味的辨識，舌識對於味道的辨識，身識對於觸覺的辨識。了解佛教思想的觀點，要知道這五識並不是分開的感覺意識，而是這五識和五塵相應——色、聲、香、味、觸——有它特定的活動範圍。這五種感覺意識是心的最粗層次。

比這五種意識稍細微的是普通概念的心意識。在無上瑜伽密續中，這些心識細分有八十種，概分為三類。第一類有三十三種，由情緒和感情組成，會驅使能量強力介入對象的活動，這一類的心識包括：恐懼、執著、飢、渴、害羞、慈悲、求知慾、忌妒。第二類包括四十種，它牽涉到中度能量驅使它介入對象，這類心識包括：欣喜、驚奇、興奮、渴望擁抱、慷慨、渴望接吻、渴望吸吮、驕傲、熱心、激情、調情、希望付出、英勇、欺騙、頑固、惡意、不親切、不誠實。第三類包括七種，能量微弱的介入對象，包括：忘記、誤認水中倒影為海市蜃樓、緊張、沮喪、懶惰、懷疑、渴望與憎恨。雖然第一類和第二類的差異並不明顯，但是第三類的心識就有強烈退縮的意味。三者表現在普通的意識層面，越後者越少二元對立的觀念。

不管是透過禪修專注自己的身體覺受，還是透過經歷不受控制的過程諸如性愛和死亡，能量的流動會驅使粗糙意識逐漸退卻，引起一連串的改變狀態。首先，我們會有一個視覺的經驗，看到好像海市蜃樓的景象；接著，當退卻持續進行時，我們會看到狀似波浪的煙霧，隨著好像螢火蟲螢光的景象而來；接著出現的是好像殘餘蠟燭的飛舞火焰，慢慢剩下一點穩定的燭光景象。這一連串的景象使得所有概念式的意識處於消退狀態，接著會有一個更戲劇性的階段呈現，亦即所有經驗核心的意識深沉狀態會出現。

第一個細微層次意識的出現稱作「白色景象心」。所有八十種概

念的心識會停止，只有輕微二元意識的強烈白色景象出現；此時的意識會轉入一個無所不在的、巨大的、強烈的白色之中。它被描述為好像一個清朗的天空充滿著月光，並非月光照亮了天空，而是天空中充滿著白色的光。所有的概念都停止了，沒有任何東西呈現，除了輕微二元意識的強烈白色景象，這就是我們的意識本身。

當能量進一步消解，支持此一層次的意識不再呈現，代之以更細微的意識出現，稱作「紅色增上心」。此時的意識會轉入更少二元的紅色或橙色景象，此外沒有別的東西呈現。它被形容為清朗的天空中充滿著陽光，並非陽光照亮天空，而是天空中佈滿著紅光或是橙光。

意識會停留在此狀態一陣子，當這種心識缺乏支持力量時，透過根本能量的退卻，一個更細微的黑色景象慢慢顯露，稱作「黑色近成就心」，因為它已經接近淨光心的呈現。意識轉入此一狀態時，仍然有極輕微的二元概念，除了強烈的黑色景象，沒有任何東西出現。它被比擬為沒有月亮的黑色天空，掃盡煙塵之後，連星星也不見的漆黑天空。經過完全漆黑的第一個階段，還會有意識，到了第二階段，變成處於無意識的微暗狀態。

當黑色景象的心識停止以後，白色、紅色、黑色景象三個層次的「污染物」會完全清除，淨光的心識逐漸呈現，稱作「淨光根本心」。它是最細微的、最深邃的、最有能量的意識層次，被比擬為天空的本質——沒有月光、陽光、黑暗的污染——可以在日出前的黎明看到此無雲明空。更敦群培提到這種狀態是他生命的目標：

雖然已經得到三千大千世界的榮耀和財富，
他們仍不滿足；
因此追求熾燃的、飢渴的情慾。

事實上他們有如啞童般，

帶著無知的心，

在尋找大樂與空性的天國。

人們真正追求的是有意識的經驗深沉的大樂狀態，在其中所有概念性的現象都已經溶解在狂喜之中。

如果人們當真認為這個大千世界，

突然被吞入一個巨大的行星之中，

沒有概念、沒有感覺，

他將體解大樂的境界，

在其中所有的景象都已溶解的。

沉醉於大樂的心識是進入所有景象都消解的狀態，而那正是所有景象的基礎。它是景象背後的實相，可以進入有意識的興奮狀態。

更敦群培將寫此書的功德奉獻給友善的人，讓他們以大樂的心識了解這個如無雲晴空的實相：

願以此功德迴向所有的法侶，

願他們都能渡過物質慾望的黑暗幽谷，

爬上十六種大樂的顛峰，

從那兒仰望無雲晴空，

了悟實相的真義。

十六種大樂是透過禪修體驗喜樂的程度，白菩提從頂輪處溶解，往下流到中脈——先到喉輪，接著到心輪、臍輪、海底輪。流

經這四個輪脈會引發四種喜樂，因此共有十六種大樂。這些大樂的意識會了解實相有如明空一般，此際一切的景象都已消解。

因為越細微的意識層次被認為越具有能量，也就越能了悟真相，無上瑜伽密續就是藉著不同的方法尋求淨光根本心的呈現。其中的一個方法就是大樂的狀態，根據無上瑜伽密續的心理學理，興奮會導使意識的粗糙層次停止而細微的層次出現，死亡的時候、熟睡的時候、夢醒那一刻、打噴嚏的時候，以及暈厥的時候也一樣。禪修時利用大樂的目的是要讓意識最細微的層次出現，也就是淨光心，利用它的高能量以有效的了悟空性的真相。更敦群培說：

將心安住在無所不在的空性之中，
他就能看到幻象之輪。
若以一種是非之心，
就是佛陀也莫可奈何。

一個聰明的小孩暈倒在情慾的深淵裡，
煩躁的心跌入蠕蟲的洞穴中。
藉著引導執著的幻想，
務須察覺到如此的喜樂。

祈求能夠結合大樂與平靜之海，
藉著觀照二元與不二、能知與所知，
揭開魔術師幻象的巨浪，
他不再感到融合的變動與興奮。

現象是如此具體，以至於它們看來都是獨立的實存，如今已被

外像背後的實相所焚毀。

> 現象如何不再呈現變動？
> 心識如何不再向外馳求？
> 只要隨順它們的本質，
> 它們就平靜了。
> 將現象與心識導入大樂的方向，
> 就是了。

　　大樂的興奮狀態是如此強烈，以致心識完全退卻，沉醉於其中。平常的概念意識和現象一起溶解，只剩下現象和心的本質。透過有意識的經驗這種過程，人們可以了解到平常的概念和現象過於具象化。性，因此可以成為一個修行方法，透過它，可以辨明現象和心的虛幻狀態，真相含藏在它的原始狀態中。

　　在大樂的不二狀態下，所有的外像和眾生都溶入廣大的淨光中，這稱作是「大手印」：

> 願自生大手印能庇護你，
> 讓所有穩定的和變動不居的事物，
> 滾入一個狀態中，
> 以堅定的喜樂如閃電般的套索，
> 讓一百零八個結使都消失無蹤。

　　根本自性不是意識的模糊狀態，雖然它有時會有這樣的感覺，那是因為在消解過程中，平常概念式意識的退卻。確切的說，它是所有現象的基礎──穩定的(山河大地)和變動不居的(有情眾生)；

由於我們對它的陌生，使得我們把它混淆在無意識之中，看不清事實真相。透過開展空性的了悟，透過開展慈悲的心念，人們可以更接近根本自性狀態。

然而，利用這種心識的細微層次，智慧識的力量能夠了悟本具的空性，在解脫輪迴與痛苦的層面上更為有效。這種智慧識在克服所知障的阻礙方面也很有效，進一步能夠開展利他的心，那是追求智慧背後的目標。它的理論是了解現象的本質，或是從自身了解到它是一切病的根源，因為它引起情緒的失調，產生痛苦煩惱。

大樂的意識狀態是可以運用的，因為當喜樂的經驗具足大能量時，此刻的意識狀態完全溶入喜樂之中，平常的概念完全退卻。這就是為什麼細微的意識狀態在大樂的時候會出現，即使大多數人在性行為的時候並無法認知它。沒有慾望，溶入細微意識的力量將很微小，因此無上瑜伽密續利用六十四種性愛藝術強化其過程。

性行為可以作為探索意識本質的途徑，最後會讓我們從根本處解脫。舉個老舊的例子吧，這個過程就好像寄生蟲從潮濕的木頭中誕生，又把木頭啃掉一樣。在這個例子中，木頭是慾望，寄生蟲是喜樂的意識，被啃掉的木頭就像是大樂意識透過空性的了悟而摧毀了慾望。正如第一世班禪喇嘛洛桑瓊紀格桑所說：

> 一個木生的昆蟲從木頭誕生卻啃噬木頭。同樣的方式，大樂是透過注視、微笑、牽手、擁抱、兩性結合的慾望而產生。空性與大樂的智慧，就是當大樂無分別的產生時，在同時間認知空性，完全啃噬掉煩惱情緒——慾望、無明等等。

透過慾望的活動，像是凝望著一個喜愛的人，進而微笑、牽手、擁抱、做愛，快樂的意識會升起，藉此，慾望本身會逐漸被摧毀。

快樂的意識是伴隨著智慧意識同時產生，兩者是不可分割的。

　　在格魯派的經典中，大樂與空性的無二無別在概念上被解釋為能與所，儘管它是超越所有二元對立的。大樂是主體的能，空性是客體的所。作這種分別的理由是要強調大樂是用來了悟實相的深奧本質，而空性並不只是興奮的意識。但是更敦群培反對這種以能所分別此一甚深狀態的對待方式：

　　　　兩性結合一個很容易理解的說法——大樂與空性——以能所的方式解釋在密續思想中有很大的不同。在此關於它不可言傳的意義，就是靜（山河大地）與動（一切眾生）的究竟本質。當人們從負面的角度思考，它是空性；當從正面角度理解，它是大樂。空性不全然是負面的，而大樂是正面的，因此我們可能會懷疑這兩者如何能在一個基礎上維持平衡，但是把它們放入二元的概念中，我們就沒有理由害怕了。

　　他的觀點是當這最細微的意識呈現的時候，它知道空性會自行調和。

　　在興奮、死亡的時候，意識狀態逐漸細微，而在再生、興奮後的意識狀態則逐漸粗糙，這說明了心識的層次在每一個時刻發展。更敦群培強調我們生活在一個未知的榮寵之中，可以透過性的狂喜而顯露：

　　　　禮敬自生喜樂之神，
　　　　雖然無法形容你的特徵，
　　　　卻有著各種面向的特質，
　　　　對高靈者教導著純粹的真理，

嘲弄著黑暗之子。

禮敬自生喜樂之神，
嘉惠那些沒有禪修以及愚昧的心靈，
你伴隨著眾生而眾生也是你的伴侶，
雖然眾生都看到你卻沒有人認識你。

禮敬自生喜樂之神，
你是空間的舞者，
沒有披著世俗虛矯的衣裳，
有著無數神奇的樣貌卻無形無色，
拋向意識的流星，只能體驗無法執取。

禮敬偉大的自生喜樂，
彩虹的光輝在此細緻的溶解，
幻象之海的波浪消失無蹤，
動搖的心到此不再起伏。

禮敬自生喜樂的天國，
佛陀以慈目眷顧而不離須臾。
以非命題式的陳述，
以非概念式的推敲，
透過不執著的心去理解你。

以及：

偏見的刺是唯一的病根。

不必禪修也可以去除偏見，

因爲普通人都有性愛的喜樂。

性愛藝術的目標不只是一再重複使人迷戀的狀態，而是顯露那隱藏在一切現象底下的根本實相。

然而，隱藏在文字與靈性之間的眞意卻很難勾畫出來：

在滿意的對象上尋求快樂是情慾，但它也是信心本身。害怕不愉快的對象是憎惡，但它也是自制本身。不論它是不是慾望，它是心的特質。雖然我們嘗試改變它，但卻無法避開它。因此，當我們仔細的檢視，不論是大乘小乘都把煩惱情緒運用在修行道上。

情慾和信心似乎是完全不同的，但是在喜歡尊敬的對象上，它們具有同樣的特質。憎恨和自制似乎也是全然不同的，但是在害怕不愉快的事情上，它們具有同樣的特質。因此，不可避免的，宗教上修行類似信心和自制的德行時，會運用像是沉迷和恐懼的煩惱情緒來轉化。慾界和無色界並非如我們一般想像的有那麼大的差別。

的確，在無上瑜伽密續中，有關高靈狀態的詞像是「慈悲」和「成佛」是以性的意義來使用。這種術語的轉化在大乘佛法中似乎把激發利他的動機被性的歡愉給取代了，但是在西藏密續並不是以這種方式發展。相反的，它的意義被兩樣並陳。對於上述密續中有關兩個術語的使用，我們換個方式理解或許更清楚。

在無上瑜伽密續中，慈悲一詞的梵語是 karuna，它有時是指性愛大樂時不洩精的意思。karuna 在語源上的意思就是慈悲和喜樂。追溯其語源，在 ka 後面加一個 m，它的意思就變成「停止喜樂」，

因此 kam 的意思是喜樂，加上 runa 意思是停止。就發現別人的痛苦根源並予以停止，或是中止自己的喜樂這點看來，慈悲就是停止喜樂的意思。同樣的，在時輪金剛體系裡，大樂牽涉到不洩的中止喜樂，這也是 karuna 停止喜樂的例子，但它是另外一種形式的大樂。慈悲和無上的喜樂兩者都是「中止喜樂」。因此在無上瑜伽密續中，karuna 的意思除了是大樂狀態下不洩之外，並沒有排除它的另一層意思，即為一切眾生拔除痛苦及苦因。

例如，在時輪金剛密續中，灌頂第十二節談到有關痛苦的部分，它動人的描述：

在子宮內的時候是痛苦的，誕生和孩提的時候是痛苦的。年輕和成年以後，為了失去配偶、財富、幸運而充滿痛苦，為了煩惱情緒，痛苦加倍。年老時因死亡而痛苦，害怕六道輪迴更苦。所有輪迴的眾生，沉迷於幻象，從痛苦中執取痛苦。

再者，密續從灌頂儀式中領受三昧耶戒，要求行者承諾度一切眾生：

我誓度一切障礙眾生。
我誓度一切輪迴眾生。
我誓度一切惡道眾生。
引導有情眾生入涅槃。

同時，利他主義是灌頂儀式的核心，在儀式過程中非常的明確。開始的時候修正你的動機到利他精神上，結束的時候教導把利他計入個人的誘因和利益之中。因此在無上瑜伽中，karuna 若僅是指大

樂不洩的意思，並無法涵蓋慈悲的意思。

　　蒙古的一位瑜伽行者蔣噶羅貝多杰，十八世紀清朝統治中國時乾隆皇帝的喇嘛，他強調密乘行者被教導要比大乘行者有更高更廣的慈悲心。在他的「演教明釋」中，他說：

　　一般認為，在珍貴的密乘以及許多論述中提到，真言宗的初學者根器較劣者要有很大的慈悲心，而利根者又需要比大乘的行者有更高更廣的慈悲心。因此，有些人認為或主張真言宗是針對修行很久而未有成就者，而且這些行者因無法搞清楚密續的真義感到沮喪。再者，這個敘述認為真言宗要比大乘速成是因為行者的根器適合。因此，僅僅有真言宗的教義是不夠的，必須是這個人適合修行真言宗。

　　蔣噶的意思是僅要求行者修習密續是不夠的，這個人還必須有能力去修習。更別說教那些非大乘根器的人，密續是為那些特別具有大悲心的人解說的。

　　以同樣的心情，第七世達賴喇嘛說，密咒的修行人必須有更特殊的慈悲發心，為了要度眾生而希冀快速成佛：

　　一些人認為，假使依靠大乘法門，他們必須要累積福慧資糧經過三大阿僧祇劫，那要花上好長一段時間而且好困難，他們無法忍受如此艱難而尋求快速成佛之道。這些人主張修行祕密真言宗以別於真言宗。對一個大乘行者而言，他無法一個人單獨追求平靜的道路，他必須和別人保持親近，以此觀點，為了他人的福祉，他必須忍受一切可能升起的艱難和困苦。因為密乘行者是大乘行者中根器最利者，不顧他人的福祉只希冀少一些艱困而快速成佛的人，他們

連密乘的邊都還沒摸到。一個人必須以利他的動機學習無上瑜伽密續，無法承擔有情眾生將會被輪迴的痛苦困擾很長一段時間，想想，「假使我現在能夠得到一種方法迅速解除他們的痛苦，那該有多好！」

　　即使密乘道快速而且容易，一個行者也不能因害怕大乘道的困難和費時而追求。相反的，追求快速成佛之道是由於更大的慈悲發心。密乘行者要快速成佛是為了要能夠快速度眾生。

　　就像 karuna 的用法，除了表示大樂時不洩之外，在其他的論述中還有慈悲的意思。菩提心（bodhicitta）在無上瑜伽密續中，也有另一層不同的意義。「菩提心」這個詞在成佛的心之外有最廣的意義，就是一種為了利他而成佛的心，這是菩薩直接了悟空性的大圓鏡智。然而，「菩提心」也用在有關精液的意思上，更確切的說，紅白菩提是指男性的精液和女性的體液。這個不尋常的用法並沒有取代原先更普遍的用法。利他與了悟空性是密續中最基礎的本尊瑜伽修行。而菩提心與慈悲心一樣，在密續特殊的情況下代表著不同的意義。

　　傳統上認為只有最慈悲的人才能修行無上瑜伽，因為它牽涉到運用男女交合大樂的升起，很明確的必須把慈悲的能力以及導大樂入道的能力相結合，但是並不減少他的大乘發心以及對大乘菩薩道的了悟。更敦群培在指出世俗與宗教兩個領域的重疊性時，同樣的並沒有放棄宗教的深奧性。他批評那些將慾望和信心分開的人，在他們的感覺裡好像慾望無法影響信心一般。他也強調基本的密乘教義，一個興奮的心識可能屈服於一個現實的景象，因此世俗界和超世俗界之間並非全然不同。

　　以一個更普遍的方式，更敦群培解釋性在意義上有兩個層次，

在字面上的意思是家族血緣的發生，在性靈上則是修行大樂與空性的體驗：

唉，現在我已經瘋了，雖然那些清醒的人笑我。大樂的經驗不是小意思，家族血緣的傳承也不是小意思。假使一個人能夠從大樂與空性之中驗證情慾的方式，這怎麼能說是小意思呢？

以同樣的心情：

因爲它給了一個優良的血脈以及歡愉的喜悦，因爲它是生命的本質也有俱生本尊的特質。據說在歡愉的時刻，即使是輕微的禁止陶醉行爲，也是罪惡的教條。

就世俗的意義，家族子嗣是很重要的，它是喜樂帶來的慰藉；就性靈的意義，在維持情慾的狀態下可以體驗大樂與空性。問題是如何維持性愉悦，且在心識進入朦朧狀態時，不讓靈性價值喪失。當更敦群培要求去除所有的禁忌時，切中了要點。藉著放棄文化上的禁忌，性愉悦可以擴展到穿透整個生理結構：

清晰的看到那令人陶醉、垂涎欲滴的蓮花，在她豐滿的大腿間。像一頭發情的公牛般穿透她和一池的慾望。搓揉那熱情女孩的乳房，她那曲線優美的腰，行動敏捷像條魚一樣。沉浸在情慾之湖裡悠游，即使是身體的微小細胞也變得喜悦、快樂。

體驗兩性結合的大樂和空性，性快樂必須完全的開展，也必須講求技巧以避免過早洩精，延長性快感的經驗。此外，短暫失去興

奮是一個可用的良機，有個技巧就是在很興奮時中止，讓大樂的感覺充滿全身：

當大樂來到寶柱的頂端（龜頭）時，如果一個人不知道持住和分散大樂的技巧，會立即看到它消退和消失，好像拾綴一朵雪花在掌中一樣。因此，藉著搖動，喜樂產生，停止動作並且不斷的分散喜樂到全身，接著重複做前述的方法，喜樂會持續一段很長的時間。

他解釋快速射精是因為太強烈的專注於生殖器區域：

當喜樂擴散到全身時，我們應停止注意力於下半身，並用心去體會上半身的喜樂感覺，精液就不會放射出來。遺漏精液的原因是因為沒有經驗到喜樂遍滿全身的感受，而是只把心集中在私處的快感所致。

增強快感的技巧，包括用布摩擦彼此的生殖器、用不同的姿勢交歡、當下半身的快感逐漸強烈時，將注意力導引集中在對方的上半身：

不時的，彼此間用一塊乾淨的布擦拭對方的私處。接著交互運用不同的姿勢，快感會增強。用眼睛和心看著女方的眉心以及臉龐，並以綿綿情話來延緩不洩一陣子。

也可以想像天空，把心思帶離性器官：

當精液抵達根部時，下半身變得沉重且麻痺；在其時，想像天

肉體歡愉和心靈內觀

空的寬闊，並立即抽出，情慾的逆轉是必然的。

當快要射精時，更敦群培也建議男方收縮四肢及腹部：

提肛並將舌頭和眼睛轉向上方；收縮四肢的關節，緊握手指；收縮腹部到脊髓。這些都是必須做的身體技巧。

分散心思到中性的主題，像是九九乘法，也都是有幫助的：

集中心思到乘法上：八三二十四、六五三十等等。如果女方捏他，並大聲說：「看這兒！」他也可以暫時忍住不洩精。

透過這些技巧增強並延長性快感，身心都沉浸在喜樂中，開啓了了悟自心本性的可能性。這些是一般延遲射精的方法，不能和用在密續的禪修方法混淆。密續修法是當精液流到龜頭時，導引它退卻進入氣脈以避免洩精。更敦群培刻意不談密續的技巧，是因爲它的祕密性：

這本書中並沒有宣說祕密——密宗修行的深奧方法、文字和密咒的種種。然而，這些尷尬的行爲還是應該保守祕密，避免讓別人知道。

雖然密續有關淨光根本心識的教法，是他提出情愛藝術的基本用意。但他並沒有違背密續教法的界限，密續只能讓那些具根器者實踐，他們能透過禪修控制能量進而掌控自己的身體。

寧瑪派的教法中有關大樂的淨光心識普及於所有的經驗，而且

很容易進入任何一種狀況中，這是更敦群培的理論根據，他建議透過擴展性的喜樂去開展淨光根本心識。即使射精並未控制住，但在射精時和射精前後也可以開展。

的確，所有的人都是爲了追求快樂而努力，這並非偶然之事。在此背後，他們追尋更深沉的喜樂：

即使是踏出一步也是爲了尋求快樂，
即使是說出一個單字也是爲了尋求快樂。
高潔的德行是爲了喜樂，
不道德的行徑也是爲了喜樂。
瞎眼的螞蟻追求快樂，
瘸腿的昆蟲追求快樂。
簡言之，一切眾生，不論跑得快或是慢，
都往快樂的方向努力以赴。

然而，俱生喜樂的狀態卻很難承受：

雖然有很多的痛苦無法忍受，
但是沒有一種喜樂比這個更難承受。

客體世界的過於具象化，使我們對於表象的、不實的事物產生執著，阻礙了我們了悟最深奧醉人的狀態。這個執著讓我們無法揭開埋藏在情緒底下的自我欺瞞，實證到最根本、喜樂的狀態。普通的生活只牽涉到粗的、表象的意識，無須注意到細微的意識狀態。我們不知道意識是如何起源，也不知道它是如何回流。

一般人習於認同表象的狀態，因此當進入更深沉的狀態時，會

感到一種滅絕的恐懼；當深沉的狀態開始呈現，表象的層次崩解，就好像進入死亡的狀態，我們會感到恐慌，害怕會被毀滅。由於恐懼，意識會陷入昏迷。如同十八、九世紀間的蒙古學者嘎旺克珠在他的《死亡、中陰與再生》一書中所說，在死亡淨光開始呈現的時候，一般人會產生恐懼，擔心被滅絕。

當淨光心識初現的時刻，它是如此可怕，恐懼隨著呈現，它並非本質的一部分，而是因為未經過訓練的淺薄。對於自性的陌生造成誤解，我們錯把凡夫心識當作真心。當激情或死亡時，本識開始呈現，我們錯用了凡夫心識，使我們無法持續那個經驗。我們越去認知凡夫心，我們就越感到恐懼。

更敦群培提議運用性愉悅去開啓個人意識核心最深沉、根本的狀態：

啊！喜悅之王給了世上的女人一個生命的道路。
以生命的力量祈願情愛的漩渦能夠穩定而堅固。

「穩定而堅固」是具體化的現象，我們卻錯把它當作是一種熱望。與其將我們的期望釘在如此不實的東西上，不如期待穩定背後的力量被愛的漩渦溶解。這個大樂的細微層次，雖然開始時難以承受，裡面卻是超越主客二元對立的支持來源。

愛的倫理

　　《西藏慾經》真正傳播了愛的倫理。它是根據對基本事實的不否認，包括痛苦的背景；它是根基於不強迫、不虛偽和不欺騙。它需要彼此尊重、互相關懷以促進安適與快樂。接著我們就來探討這個主題吧！

不否認基本事實

　　在強調我們所有的人都源自於生殖行為這一點時，更敦群培要他的讀者能夠體會這一基本的事實，這一點卻常為宗教體系所忽略，因為他們壓抑性的表現：

　　假使不是因為性愛關係而結合在一起，男性和女性將會分開。那麼這世上將會有兩個集團，他們必然會生活在戰爭和衝突之中。和尚們離群索居，的確無法體會其中價值，但即使是依他而起的、生活所依憑的八暇十滿之身，都是因為兩性結合而得來的。也就是說，假使放棄了性愛，這個世界將在瞬間變空。如果沒有人類，又哪來和尚和佛法？

　　在佛法中，一個生命要具足所有的條件才能夠成功的修行，這也就是我們所說的閒暇和圓滿。所謂閒暇就是佛法中說的八暇，也就是免於八種無暇的狀況：

1.生於地獄道
2.生於惡鬼道

3.生於畜生道

4.生於邪教外道

5.五根殘缺

6.邪見

7.生於長壽天

8.生於無佛時期

　　所謂十圓滿，屬於內在的有五：

1.得人身

2.生值佛法大行時

3.五根俱全

4.未犯五逆重罪：殺父、殺母、殺羅漢、出佛身血、破合和僧

5.對佛法具足信心

　　五種外在的圓滿：

1.有佛駐世

2.得請佛說法

3.住弘揚佛法地

4.隨入佛教

5.居住地之人皆具憐憫心、善於教導他人

　　更敦群培嘲諷的認為，假使佛教徒評估生命的價值如此之高，他們也應該給予性愛同樣的評價，因為沒有性愛就沒有人身：

「二聖六莊嚴」降生於印度，善法的教師雪拉降生於歐謨，明朝皇帝降生於中國的皇室。我們無須解釋他們他們來自於何處。

　　「二聖」是指功德光（Gunaprabha）和釋迦光（Shakyaprabha），是印度佛教學派著名的學者。「六莊嚴」也是印度學者，他們把傳統學說架構出一套理論體系，分別是龍樹（Nagarjuna）、提婆（Aryadeva）、無著（Asanga）、世親（Vasubandhu）、陳那（Dignaga）、法稱（Dharmakirti）。他們都來自於某些特殊的地方，但事實上他們都來自於女人的子宮。

　　以同樣的心情：

　　外道的書上說，婆羅門階級是從梵天的嘴巴降生。這在事實上很難被接受，但是不論智者還是愚者，沒有一個人能否認所有四個種姓的人都是從婦女的子宮降生。

　　他抱怨一些禁忌違反了基本的人性：

　　對每個男人而言，他的想望是女人；對每個女人而言，她的想望是男人。在彼此的心中，都有性的慾望。那些以清淨自持的人有什麼機會禁止現實上合宜的行為，卻讓不合宜的行為祕密進行？宗教和世俗的道德怎能壓抑人類自然的情慾？禁止喜悅在神經結構的五輪和壇城的六大中自然升起，把它當作是一種過錯，這對嗎？

　　「五輪」是指依照我們的神經中樞，從頭頂的頂輪、喉輪、心輪、臍輪一直到脊髓的底部海底輪等五個輪脈。「壇城」是指我們的

身體。而「六大」根據一種解釋是指：地、水、火、風、氣脈、明點。另外一種解釋是指：骨頭、脊髓、肌肉、皮膚、父精、母血。在一般的性行為，精液是在中樞神經聚集，流經一些特定的區域而產生喜悅，在密續瑜伽中透過專注，集中意念在這些輪脈上，微細的心識就會呈現。更敦群培認為，這些都是與生俱來的結構，透過自然的方法也可以得到證悟，因此人們必須尊重這大自然的贈與。

更敦群培也藉此合理化他身為比丘卻捨獨身戒，同時也解釋他無法忍受慾望的理由。他描述慾望的煎熬是非常痛苦的：

無法滿足慾望的痛苦有如日夜焚燒骨髓一般，雖然對一個年輕人來說這個痛苦很大，他的長輩們面對此卻像無事人一般。女孩們因為受到父母的保護和約束，慾望的痛苦更是難以計量。因此當他們到達合適的年齡，男人和女人必定要找個方式住在一起。

一個熱情年輕女子對男人的需求，不亞於一個口渴者對水的渴求；一個熱情男子對女人的渴求，不亞於一個飢餓者對食物的需求。父母嚴厲禁止，無異將他們置於黑暗的洞穴中；以嚴格的法規束縛，無異將他們置於湯鍋中。

壓制的意象是如此嚴峻，以至於更敦群培要反抗獨身戒，然而他認為個別的差異必須尊重，不能強迫：

就像對肉食性的狼和草食性的兔子一樣，最好是順從牠們的習性，而不是比較彼此對食物的建議，進一步強化物以類聚的個人行為模式。迫切地勸服別人做他不喜歡的事是沒有意義的，例如要遊牧民族吃豬肉，都市人喝酸奶茶等等。嚴厲地阻止一個人的慾望也同樣沒有意義。善惡、淨垢只是個人的喜好而已。一個人必須進行

並經常轉向情慾活動。爲此爭辯只會把自己搞得精疲力竭，想要爲此做理性的分析，最後也只會導致自心的煩惱而已。

即使他責難壓抑，他仍舊讚嘆那些因爲深知生老病死輪迴痛苦而發願投身心靈道路、修行戒定慧的人：

如果，看到輪迴大海之深，由於無法忍受痛苦而渴盼脫離苦海，我們必須過僧侶的生活，去學習平靜。在過去很好的時代裡，西藏的學者到印度學習，他們修戒定慧三學，並以誓戒約束身口意三門。然而今天即使是聽到這些都覺得難以忍受。

符合佛教理論的時代是越來越糟了，他抱怨現代的人都無法忍受聽到有關這種訓練的束縛了。

然而，他指出，如果無法理解輪迴的痛苦，而無意識的去做一些束縛，那是沒有意義的。他也嘲諷那些只做表面功夫持戒的人：

心善的愚人把自己綁在一個鎖鏈上，不是透過自制，不是透過宗教，不是透過正確的方式，不是透過誓願，就這樣過完他的一生。同樣的，那些熱情的人以虛僞的方式做一些隱密的行爲，就有如用斧頭砍去他們的生理結構一樣。

壓制性慾會傷害身體健康。同樣的，不能有效控制性慾也會產生不良的後果，因爲它會潰堤：

一個人如果他的自制力還不夠，情慾就像是一條長河，雖然被水壩截住，但仍會決堤。因此，如果自制有如強徵不樂之稅捐，那

就好像要推巨石上山一樣。

轉移性慾的壓抑，並不是從拒絕根本的痛苦下手：

當經驗已經獲得且經過了一段時間之後，此生除了一個煩惱的心之外一無所有。解脫苦惱的心就是宗教的目標。最後，它還是要回歸到我們的心。

當我們仔細的檢視自己的一生，看到的似乎是一團令人沮喪的煩惱痛苦。正如第四世班禪喇嘛所說：

由於前世的業染以及貪瞋痴的煩惱情緒，一旦我們必須再輪迴，我們就沒有解脫煩惱痛苦。因為敵人已經變成了朋友，而朋友卻變成敵人，某人會幫助你或是會傷害你並沒有定數。不管輪迴中有多少的快樂可享，它不僅無法得到究竟的滿足，而且執著會擴張，又帶來許多無法忍受的煩惱痛苦。不管你能得到多美好的身體，還是必須一次又一次的放棄它，有關得到某一特定形體這件事是沒有定數的。因為生與生之間的鴻溝是關閉的，它是無始無終的。不管在輪迴中可以獲得怎樣的榮耀，因為最後終究要丟棄，因此就獲得榮耀這件事是沒有定數的。因為每個人都必須走向來生，因此就朋友這件事而言，也是沒有定數的。

根據佛教的教義，是宗教在這些輪迴痛苦之中帶來安慰。更敦群培提出了積極的觀點，認為兩性間的愛就好像宗教一樣為痛苦帶來一點解脫。

然而，他並沒有把佛教置於首位。對他而言，愛必須在了解中

去尋找。人是被束縛在痛苦煩惱中，如果耗費在渴求上，情況會更糟糕：

> 沒有見過瑪納沙洛瓦拉湖的人都認為它很大，一旦看到它，才發覺那不過是個鳥棲息的水坑。當人們屈從且感受到輪迴的現象，它是如此真實且無令人驚異之處。然而，男人不比女人多，也不比女人少，彼此間很容易找到。如果看上了對方，光是奢想而不付諸行動，其罪過甚大。因此，以各種方式分享性的喜悅是正確的。

基本的佛教觀念意圖放棄對性的渴求仍然持續著，但是他們聰明的認知到，如果對性的禁忌僅止於外表的虛矯，內在的慾望一樣會製造惡業。這個現實主義──面對事實，是《西藏慾經》中「愛的倫理」的基礎。

不壓抑不虛矯

不壓抑也是基本的原則，正如更敦群培不斷強調的，增強女性的愉悅，不是把它用來滿足男性情慾的途徑。他強調，從佛教徒陳述痛苦的眼光來看，情慾不是美德，但它不造成傷害，因此它當然也不是缺點：

> 在男人與女人之間，即使喪失了所有的財富和權勢，就算是一個滿頭白髮的老人，在女人的私處間也能經驗無法言喻的喜悅。就情慾而言，它沒有束縛、沒有惡念的困擾，也沒有一顆惱害的心似矛一般的傷人。雖然慾界眾生的情慾沒什麼美德可言，但它又有何罪過呢？

它提倡不要自我本位，有一些適當的方法可以用：

以下是爲精力旺盛的男人和熱情的女人所設計的技巧，使得他們可以承擔精神的行爲，根據願望進入無畏的慾望之輪。人們必須依照需要的情況用適當的方法，要深入了解不同地區的習俗以及個別女人間的差異。

那些剛生產的人、在懷孕中痛苦的人、生病的人、焦慮的人、年老的人，以及年幼還不適合從事性事的人，對她們都應深入了解。

「愛的倫理」的核心是相互關係，非階級意識的觀點是建立在了解生命共同的特質，那是放諸四海皆準的：

愚笨的人喜歡不矯飾的外表，聰明的人製造虛假的幻象，但是最後這三者（過去、現在、未來）還是會合而爲一。

了解生命共同的特質要依靠去除虛矯：

好比乞丐討厭黃金、餓客厭惡美食。每個人的嘴巴都咒罵性，但是每個人的心都暗地喜歡它。

而且：

俱生喜樂並非人造的而是自生的，但是世上的每一個人都帶著虛僞的面具。因此當男歡女愛的時候，彼此都應該放下所有的習俗和面具。

同時要克服淨垢的偏見：

誰能夠分辨身體的上半部和下半部何者爲垢、何者爲淨？用什麼來歸類身體上下半部的好壞？

他建議敞開心胸、完全投入與伴侶分享性愛的歡愉：

來自於男女的性慾不需要抗拒，它的本質覆蓋著一點羞怯；如果人們稍作一點努力，它的本質就會完全赤裸的呈現。看一張裸睡女子的畫像、看馬或是牛的交配、寫或是讀一些情色文章、說一些情色故事。

文化制約的尷尬態度阻礙了兩性情愛關係的自然表現，完全開放才能增加性的樂趣。

創造彼此的快樂

快樂是目標也是手段：

降生於慾界的眾生，
無論男女都渴望對方；
慾望的喜樂是喜樂之最，
高等低等眾生都可輕易發現。

由於過去的業而能有此伴侶共同提昇快樂，這被讚頌是最好的道德行爲：

與伴侶爲偶，是前世的業力所帶來的。若能以愛相待，並棄絕猜忌和通姦，就是最好的倫理了。

　　想想印度將生活分爲責任、情慾、財富和自由等階段，這與佛教所強調即使在年輕時候都應該清修的生活方式不同。更敦群培建議宗教的清修不妨延遲到年老的時候：

　　當身體機能已經遲鈍、心智變得平靜以後，當頭髮已經灰白，那時再來過宗教的獨居生活，一心向道，這將是最理想的。因此，只要他還具有野馬一般的感官，具有進入情慾殿堂的能量，雖然他縱情於情慾，你又怎能說他有錯呢？

　　更具啓發的是，他將世間法和出世間法融合，認爲解脫——擺脫輪迴的過程得到自由——可以在居家中透過工作、信心、訓練和友誼而獲得：

　　靠個人的勞力過活，符合好的教養，
　　經常與妻子分擔家務並控制情緒，
　　有朋自遠方來與他共享美好時光，
　　一個聖者已經在自家中得解脫了。

　　對於佛教徒的崇高理想，就世俗與宗教的融合而言，更敦群培認爲更需要文化導向的陳述。
　　他不斷的且由衷的忠告，除了尊重，要用愛來對待伴侶，這是由於體諒到對方的感受。

如同有這麼多的情慾，就有這麼多的眼淚；
如同有這麼多的關注，就有這麼多的表現。
兩人羞怯的圍籬交織，喜悅的特質變強烈。
以各種方式就你喜歡，盡情地做愛做的事；
參考各式各樣的論述，嘗試各種歡愉方式。
當兩人因知心和信賴，陶醉在強烈情慾中，
不再有不安和挫折心，只管盡情盡興的做。
分享雙方擁有的祕密，變成世上知心朋友。

關切他人也是「愛的倫理」的核心，也是六十四種情愛藝術存在的理由。

提升女性快感的技巧

更敦群培關切的不只是男人將慾望發洩在女人身上，而是尊重他們的伴侶，並尋求有助於雙方快樂的方法。他警告男人不可以虐待年輕的女子：

對年輕女子採取激烈的方式，會使她的的私處疼痛且受傷，可能會造成以後生產的困難。如果時間不恰當或是可能對她造成危險，在她的腿間摩擦就可以，這樣也會射精。在許多地區，人們習慣這麼做，這可以加速年輕女子的成熟。

男性必須知道他們可以幫助女性，讓她們的生殖器能做好交歡的準備：

將手指塗上軟膏，找一個柔軟舒適的點，每天撫弄她的陰唇刺激她的情慾，慢慢的再放進陰道內；最後陰莖就可以順利進入。當對方是個成熟的女子，將陰莖抹上奶油慢慢的插入。如果陰莖在腿間摩擦，陰道會很自然的變得美好而成熟。

男性和女性都必須認知到他們激發情慾的不同程序，以及他們的性感帶：

舉個例子，有一種能治療疤痕的秀芒草，它柔軟而枯乾，當它浸泡在水裡的時候會變硬而且膨脹。就像這樣，當血液聚集在一起的時候，男女的性器官就會勃起而且漲大。當私處產生喜樂時，心

的注意力會集中於此。因為這個原因,能量和血液匯聚在陰莖之中,陰莖隨之勃起。

男人的性慾是清淺而易於被燃起的,女人的性慾是深厚而不易被燃起的。因此,如果要刻意地撩撥起女人的性慾,有許多不同的方法。一般說來性慾升起的時候,陰唇和內在神經、陰道口左右兩邊的肌膚、子宮口以及乳房都會升起而漲大。當男人的性慾升起的時候,整個陰莖、陰部、有長毛的地方都會產生喜樂。

女人的情慾比較難撩撥起來,有時候需要一些特別的刺激,他強調,一旦情慾被激發起來,女人的身體就變成一個溫柔而性感的器官:

雖然,女人的喜悅是非常的廣闊且無法辨識。她們身體各處都感到歡愉,在肚臍下部、大腿上部、陰道內部、子宮口、肛門,以及臀部周遭。簡單說,女人身體下半部的裡裡外外都擴散著喜樂,一旦她感受到這種喜悅時,一般而言,女人的整個身體就是一具嬌柔的器官。

因為她需要緩慢的刺激而且不容易達到高潮,女人需要一段較長時間的前戲和交合:

在每次交歡的時候,女人都會有快感。當一對伴侶做愛多次,第一次男性的性慾特強但會很快射精。然而,女人正好相反,據說第一次她們的性慾比較無力,接著才會慢慢增強。因此,男人必須忍精一段長時間,讓他的陰莖堅挺不垂,帶給女人性高潮。這些都是女人們的私房話。

提升女性快感的技巧

據說女人高潮的感覺就好像身體某處發癢，正好手指搔到癢處的滿足感。然而，一般周知女人在性愛的時候，她的喜樂超過男人七倍。當男人射精之後，性慾就消退了。女人是在性慾消散以後，喜樂才算完成。因此，做愛多次對男人的身體是很消耗的，但是對女人的身體卻不造成同樣的傷害。因為女人的陰道和陰唇是裸露的肌肉，喜悅和疼痛都很劇烈，碰到它就好像碰觸到傷口一般。

雖然男女之間的性器官如前述有點類似，但它們的差異性也很大：

一個是外在的感覺器官，
另一個是身體內在的洞孔。
就像肌肉和肌腱的不同，
針刺怎麼會知道傷口被戳的痛！

因此，男人必須知道，快速的性對女人是沒有意義的：

因為丈夫太快射精，女人可能三年都沒有經歷過一次高潮。男人如果不知道他的妻子以及終生伴侶的內在體驗，他不如去當個隱士。

男人不僅要延緩射精時間，而且要表現多次：

如果男方太快了，第一次女方不會產生滿足感。因此精力旺盛的男人應該接著做第二次、第三次。或者，當快要射精的時候，停止動作讓喜悅擴散，等到性慾升起時，再繼續。但是，不管怎麼做，

兩次是必須的。

射精之後，男方不要立刻退出，讓女方利用還插入的時刻激起興奮，如果她沒有成功，男方可以用手指協助：

在射精之後，男方不要立刻將陰莖抽出，讓它深深的停留在陰道內，由她去搖動以達到高潮。如果她仍然沒有達到，男方可以用兩根手指伸入陰道內撥弄。

在交歡之前，一些輔助的方式也是有幫助的，例如用手指或是假陽具。在女方的性慾未被挑起之前，不要急著插入：

一般來說，在交歡之前，以兩根手指摩擦與愛撫她的陰道口是有必要的。此外，一開始可以用木製的假陽具不斷摩擦她的陰部，當她的情慾被激發之後，再進行愛做的事。

更敦群培鼓勵愛侶要克服一切的猶疑去用輔助性器，因為這個習俗十分普遍：

在南部地區，這個習俗仍然被運用。當丈夫外出，女人靠假陽具自慰。據說有些富人還擁有金製的、銀製的、銅製的等等。在印度大多數女人只認識自己的丈夫，當性需求很少達到滿足的時候，這個祕密的習俗自然就非常流行。同樣的，一些太監豢養著女人，她們也經常藉助於這些輔助性器。這類的故事在我國逐漸增多，《愛經》裡頭對此也提出一些建議。

提升女性快感的技巧

他忠告女人若想要體驗性高潮，必須注意要領：

兩人的心被情慾激盪著，她們泛紅著臉，不再害羞的對望著。她用手扶住他的龜頭進入陰道中。只有頂端部分進入，再拿出來，一次又一次地。接著把陰莖送進去一半，再拿出來，一次又一次。最後再整個塞入並且頂端向上，持續一段時間。

她的腿部上抬，用腳推男人的臀部，膝蓋碰觸他的腋窩，用大腿和小腿纏住他向下摩擦搖動。

有時陰莖會跑出來，女方用手握住它並搖動它，用前三指摩擦它，並將它送回陰道內。當他完全進入以後，她溫柔的搖動他的陰囊，並用兩根手指輕壓陰莖的根部，然後再搖動臀部，在陰道內旋轉它。

經過兩三次的抽送後，不斷的搖動陰莖，並用柔軟的布擦拭頂端，經過這樣以後，它會變得非常堅挺。有時候可以用布擦拭一下陰道口。保持陰莖根部周圍一點潮濕，在頂端和中央部位則不斷的擦拭。想要分享性高潮的女性朋友們必須學會這些典型的要領。

以及：

接著，當性慾熾燃的時候，男方要居於下位。好像魚繞著魚一般，他們彼此擁抱變換姿勢，從床的這一頭滾到那一頭。

就一些增強快感的細節方面，他請求女士們要以妙手撫弄男人的陰莖。這一節稱作「撫弄器官」，就是以女人的觀點寫就：

將右腳放在男人的肩上，讓乳房和陰部清晰的呈現，以潮濕的

手掌拍打自己的私處中央。接著像巫師們的神祕短劍，總是有許多神奇的方法，以各種激情的形式盡其所能的在蓓蕾私處上戲耍，這正是激起快感的器官。

以妳的左臂緊抱著男人的頸部，不斷的吻他。伸展右手握住他的陰莖，好像擠牛奶一樣的上下擠弄它。

同樣的，以雙掌包覆著它，輕輕拉它並左右轉動。握住根部輕輕搖動，拍打腿部。

在兩人腹部擠壓的時候摩擦他勃起的陰莖，有時把它夾在兩腿間，並在陰道口摩擦。

把陰莖放在手指間，以充滿無限慾情的眼光注視著它。一把握住他的陰囊，並不斷撫摸陰部的快感區。

用手撫摸他的臀部，用他的陰莖碰觸摩擦妳的腹部、肚臍、喉部、乳房，以及其他能引起妳興奮和發癢的區域。用乳頭和指尖觸摸龜頭前端的洞孔。如果他特別陶醉而且激起性慾，用舌頭舔吻吸吮它。

用妳的手指在根部刺激他的性慾，用妳的手輕輕的把他的陰莖帶入。一次又一次的，先只在陰道口進出，接著再讓它進入一半，又拿出來，一次又一次的。

無疑的，雖然這些動作也會為男人帶來快感，但它們卻是從增強女性情慾的觀點出發。

有關男女之間產生快感的不同情況，更敦群培提供了許多意見，但是他並未就此志得意滿的認為他已經掌握了所有的變化：

因此，雖然男女間產生性快感的方式有很大的不同，但是以個人的經驗而言，誰也不能對別人說：「這就是了。」

提升女性快感的技巧

他已經對於概念化的限制提出了忠告。

對懷孕的忠告

關於懷孕的描述，在《西藏慾經》中可以發現他關切的重點有：

- 防止懷孕
- 懷孕期間的注意事項
- 生產
- 子女的性別選擇

防止懷孕

為了防止懷孕，更敦群培建議交歡時採取站姿或坐姿，那樣的話子宮朝下，女方的身體也不至於前彎：

簡言之，所有交合的方式：若女方生殖器朝下，而且陰莖是在陰道的下方，以及女方的腰部沒有向前彎，都有助於防止懷孕。

交歡時女方在男方的上位也有同樣的效果。

然而，當男方射精後，女方必須站起來並在地面上猛跳，之後再去盥洗：

一旦精液射出後，女方必須站起來並用腳後跟猛擊地面；她必須用溫水清洗陰道。這和避孕藥有一樣的效果。

相反的，如果夫妻希望懷孕，女方在事後應該待在床上把臀部抬高：

在完事之後，女方不要馬上站起來，她應該放個枕頭在臀部下方並小睡一會。接著喝杯牛奶之類的，最好是兩個人分開睡在各自的床上。

清潔對於懷孕也很重要，可以免除焦慮：

在交歡之前，男女都應該先清一下排泄物，並把性器官洗乾淨。尤其是陰道等隱密處，這有助於在無瑕疵的子宮內懷孕。

在交合時如果受到驚嚇、焦慮等等情緒的升起，會影響到子宮受損；因此，在一個獨立的空間做愛是很重要的，完全放鬆而沒有顧慮。完事之後，男方停止他的左鼻孔呼吸而用右鼻孔，女方以左脅側躺，男方以右脅側躺，兩人小睡一會。

懷孕期間注意事項

他敘述了懷孕的徵兆：

據說，如果感覺到身體內部充滿著穢氣，喪失食慾，嘴裡會流下口水和分泌物，就是懷孕的徵兆。如果孕婦有強烈的性交慾望，這是懷女孩的徵兆。

懷孕期間最好是避免性交：

剛分娩過的人、懷孕期間受苦的人、生病的人、極度焦慮的人、老人、幼年都不適合從事情慾的活動。

如果孕婦從事性交，最好側身，不能夠讓子宮受到壓迫：

如果能不性交最好。如果不能避免，則應該用側身的方法。如果腹部受到壓迫或是子宮好像被填滿，嬰兒的肢體將會質變。尤其是嬰兒的拇指壓到鼻子周遭，可能會有發育成兔唇的危險。

同樣的，深度進入的姿勢應該避免：

男方仰臥，伸展大腿，用力收縮膝蓋。女方將中腹貼在男方的陰部，並將兩隻腳分置於男方的兩側，背靠著他的腿，女方做進出的動作。用這種方法，陰莖會深深進入，一次又一次的碰觸到子宮口。因為這樣，懷孕的女子最好是避免。

幾乎是同樣的理由，角色互換的姿勢也應該避免：

當騎在男方的身上，如果她不曾看過，她會感到驚訝。但是，如果兩人想要有孩子或是女方已經懷孕，最好是避免用這種姿勢。

懷孕的女子也要避免驚嚇：

經常要避免引起驚嚇的情況，例如向下望很深的洞穴或井。

生產

更敦群培簡略的談到如何輕鬆生產，如何避免難產，以及如何引胎胞出來：

在生產時，最好要有經驗的婦女在旁邊。輕輕摩擦、擠壓下腹部。當嬰兒到了陰道口的時候，要用力擠壓，嬰兒就容易輕鬆的出

來。如果嬰兒卡在子宮口，要用黑蛇皮來燻香。透過伸展兩手臂並搖晃它們，胎盤就會出來。

子女性別的選擇

在西藏文化中普遍認爲，一個性慾很強的男子會生男孩，性慾很強的女子會生女孩。然而，情況正好相反：

如果兩人想要有男孩，女方必須升起強烈的性慾，男方應該想像自己是個女人或是設法緩和軟化性慾。同樣的，假使兩人想要有女孩，男方必須升起強烈的慾望，女方則保持漫不經心，他還要用力射出很多的精液。這是很重要的，子女的性別就取決於此。一個精力充沛的女子會生很多男孩；一個性慾旺盛的男子會生很多女孩。因此，一般認爲性慾強盛的男子會生男孩的想法是錯誤的。

因此，一個男人想要有兒子就要找個情慾旺盛的女人：

不論是誰的妻子，只要她的性慾強盛，他的家族一定是男丁興盛。因此，想要有男孩的人就要選擇性慾旺盛的女人。

擴而大之，如果夫妻間想要有兒子，在女方的性慾被強烈激起時，就應該進行交合：

當女方的性慾被挑起而且高於男方時，如果在此時進行交合，喜樂的力量仍在，無疑的，此時會懷男孩。

爲了保證女方的情慾會被強烈的激起，必須運用一些方法，諸

提升女性快感的技巧

如刺激陰唇等等的技巧，後方進入尤其有幫助：

因爲從後方進入會摩擦刺激到陰唇，興奮更爲加劇。它強烈的激情不僅可以令人滿足，更可以給女方帶來喜樂。移到後方進入的姿勢對於懷孕很有幫助。如果以這種方式受孕，據說一定是生男的。

在雙方都同樣的激情下，因爲女方強烈自然的興奮，這時也很可能懷男孩：

雙方經過激烈的情慾而興奮，女人的激情自然較爲強烈，生的孩子絕大多數可能是男的。然而，他們情慾的激起必須是同時的。

因爲男人在一開始的時候較爲激情，如果兩人想要有男孩，男方在第一次射精時不要射在陰道內，他必須退出來射在體外：

在第一次的交合，男人很自然的有比較強的情慾，當快要射精的時候，他應該把陰莖抽出來，讓它射在體外。在第二次交合的時候，女人的情慾被點燃，此時就應該在體內射精。如果她是以這種方式受孕，就一定有助於得到一個男孩。

一個熱情的男人引來女性的後代，一個熱情的女人引來男性的後代，這個理論源於佛教描述再生轉世的過程。第四世紀的印度學者世親菩薩在他的《俱舍論明義釋》中有簡短的論述，但爲什麼會這樣，在無上瑜伽密續中才有詳細解釋，一個人處於前生和下生的中陰身階段會看到父親和母親交合而入胎。如果它將轉生成男性，他會對那位母親產生性的渴望而無視於父親；如果它將轉生成女

性，她會對那位父親產生性的渴望而無視於母親。

由於交合的慾望牽引，它開始擁抱想要的對象，但是它那時只意識到一個很大的影像，那是交合對象伴侶的生殖器，因此它變得挫折而且憤怒，在慾望與憤怒之中，這個中陰狀態的人死亡而且進入子宮，就此受孕了。

進入子宮是經過父親的身體。根據一個密續的解釋，中陰身首先進入父親的嘴巴；另一個解釋是，中陰身從父親的頂輪進入。進入之後，經過身體轉到陰莖，進入母親的陰道。中陰身的轉生有四個必備的因素：父精、母血、與父親的業緣、與母親的業緣；中陰身的轉世就完成了。

強烈的情慾是吸引中陰身的一個因素，因此，我們採信異性戀的傾向——某人因為業緣註定要轉生成女孩，就會被情慾熾盛的男性吸引；某人因為業緣註定要轉生成男孩，就會被情慾熾盛的女性吸引。

更敦群培戳破了大男人主義的理論，認為一個熱情的男人會生很多男孩的觀念。他還說，父母的特質會在性行為的時候透過中陰身傳遞到子女身上：

> 母親的性情、體質、身長等特性都會延續到兒子身上。同樣的，父親的性情、生理體質等特性都會延續到女兒身上。

這種傳遞固然是遺傳學，但也是由於強烈性吸引力的感應，引發在很深的層次中和雙親結合的業緣。

性別歧視的因素

無庸置疑的，更敦群培對女性的關切至深，但面對男性中心主

義的西藏文化，他多次在《西藏慾經》中證明他對重男輕女議題的偏愛。他談到生男是在財富和名譽之外的另一種完滿：

不論什麼樣的女人，以蓓蕾小口（陰唇）強化自升的玉柱（陰莖），取悅偉大的賜予喜樂之女神。她將得到榮耀、財富以及最優秀的男孩。

更為直接的，他警告如果女人的情慾在射精前還沒有被激起，「即使她懷孕，也將會是個女孩。」他因此建議在月經後的奇數天停止性交，因為那些天會懷女孩：

如果她在月經後的第五、七、九、十一、十三、十五天懷孕，她將會生女孩，因此最好避免在這幾天交歡。如果是從第六、八、十、十二、十四天與男人睡覺而懷孕，將會生下男孩。

女人大部分時間是在家中，照顧她的丈夫：

對一個女人而言，她最終的家不是父親的家，而且很難成功地找到自己的路。女人的終生伴侶，就像在荒野山谷中的無角獸一樣，是她的丈夫。在印度，女人每天早上起來要向丈夫的腳下頂禮，並把他腳上的塵埃和紅色粉末攪拌後，點在自己的額頭上。

一個妻子應該取悅她的丈夫，因為嘗試以她自己的勞力過活可以帶來些許的成就：

她的丈夫供給她食物、衣服、首飾——一切她想要的東西，並

引導她一生所有的行為。除了尊敬他以外,女人別無其他的教條了。一個女人如果放棄她的丈夫,去從事博愛、禁慾等等事業,這些善根如果沒有獲得丈夫的同意而去從事的話,不會產生善果。她必須留在丈夫的身邊,各方面都表現得優雅,能與丈夫的思想一致。更深一層的,她必須透過各種情慾的活動在身體和心靈上與丈夫合而為一。

更敦群培甚至在手稿的一節中提到,供養一個女人給一個渴望的男人是很高形式的佈施:

在《時輪密續》的實修中,據說提供一個女人給一個渴望的男人是至高無上的禮物。如果你不相信我,去看看那一章,你就會明白了。

在這件事情上,他個人的意見並不明確,雖然他傳達的駭人說法是假設性的,但他的讀者還是會受到震驚。

如前面所引述的,他責備男人不尊重女人,但是其中一個理由是女人竟然是這麼稱職的僕人:

以肉體所帶來的歡愉而言,她是個女神;她是田園,繁衍家庭血脈;當人們生病的時候,她像是個扮演護士的母親;當人們悲傷的時候,她是個詩人撫慰你的心靈。她是個僕人,做盡所有的家事;她是個朋友,以歡笑和娛樂終生保護你。由於前世的業緣,她成為你的妻子,她天生具有這六項特質。

從二十世紀下半葉婦女解放運動的觀點來看,更敦群培的觀

念，就這幾節所展現的，它是不足的。然而，在前述兩性平等的章節中，並陳許多矛盾的證據，這些性別歧視的觀念非常明顯的屬少數，而且反駁了他的主要論述。

人與性的分類綱要

更敦群培用許多綱要把人與性的關係做分類：

· 性器官的特徵與尺寸
· 年齡
· 易受激發
· 面部標記
· 其他身體特徵
· 初經的月份
· 每月的時間
· 月經的日期
· 地點

性器官的特徵與尺寸

根據瑪希許華拉所提出的印度人概要，他依照個性特徵和身體特徵把男女各分成四種型態。首先從男性的分類：

兔子

個性特徵：溫厚、有德、對伴侶忠實、尊敬長輩、幫助弱者、悠閒、懶散。

身體特徵：中等身材、陰莖勃起時有六指寬幅的長度、龜頭圓而柔軟；汗味和精液味道聞起來甜美、有早洩的傾向。

雄鹿

個性特徵：尊敬師長、不喜歡打掃、精明能幹、經常唱歌、喜歡盛裝、忠實、愛邀朋友舉辦盛宴。

身體特徵：凸出的眼睛、寬闊的肩膀、移動時跑跑跳跳、腋下和陰部的毛稀疏、陰莖勃起時有八指寬幅長。

公牛

個性特徵：不安定、不關心社會、很容易得到或失去朋友、美食主義、擅長表演藝術、不挑揀性愛對象。

身體特徵：體格魁梧、英俊、陰莖勃起有十指幅長、汗臭味和精液味道難聞。

種馬

個性特徵：暴躁、虛偽、與所有年輕年老的女人為伍（包括親戚）、情慾旺盛（甚至對母親與姊妹），每天都需要女人。

身體特徵：粗大、肥壯、膚色黝黑、長腳、移動迅速、能連續性交、粗硬的陰莖勃起時有十二指幅長，精液味道難聞。

每一種類型又可細分為四種：
・兔子—兔子、雄鹿—兔子、公牛—兔子、種馬—兔子。
・雄鹿—雄鹿、公牛—雄鹿、種馬—雄鹿、兔子—雄鹿。
・公牛—公牛、種馬—公牛、兔子—公牛、雄鹿—公牛。
・種馬—種馬、兔子—種馬、雄鹿—種馬、公牛—種馬。

女人也同樣分成四種類型：

蓮花

個性特徵：常微笑、喜歡乾淨的衣著、喜歡簡單的食物和天然的裝飾，利他主義、品德高潔、對伴侶忠實。

身體特徵：美麗、苗條、溫順、沒有雀斑、烏溜溜的長髮、眼睛炯炯有神、小鼻孔、濃眉；乳房柔軟圓潤、陰道有六指幅深、月經味道香如蓮花，故此類型以蓮花為名。

圖畫

個性特徵：穿色彩鮮豔的衣服、戴黃色的花環；喜歡圖畫和故事、養小鳥、受小孩歡迎，不特別喜歡性愛。

身體特徵：中等身高體重、游動的長眼睛、圓形的生殖器、陰道有八指幅深、陰毛稀疏、月經清澈、美麗如一幅畫，故此類型以圖畫為名。

海螺

個性特徵：經常吃許多的食物、擅長做家事、多話、心智清晰、輕微的隱藏、容易交往、不太尊敬長輩、易和家人打成一片、善妒、多情。

身體特徵：高瘦有略彎的脖子、鼻子向上挺、瓜子臉、膚色美好；溫暖的生殖器、陰道有十指幅深、濃厚的陰毛、容易分泌、汗味和陰道味是酸的。

大象

個性特徵：食量大、強硬而焦慮的聲音、穿金戴玉、喜歡搞婚外情、說長道短、和伴侶離異；喜歡粗大強壯的男人、可以和任何人睡覺（甚至是父親和兒子）、一天要交歡好幾次、不易滿足。

身體特徵：身材短小、四肢寬闊、大屁股、圓肩膀、厚嘴巴和

鼻子、乳房大而堅硬；陰部多毛濕熱、滴著分泌物，味道有如大象，故此類型以大象爲名。

　　同樣的，每一類型又可再分類爲四種：

‧蓮花—蓮花、圖畫—蓮花、海螺—蓮花、大象—蓮花。
‧圖畫—圖畫、海螺—圖畫、大象—圖畫、蓮花—圖畫。
‧海螺—海螺、大象—海螺、蓮花—海螺、圖畫—海螺。
‧大象—大象、蓮花—大象、圖畫—大象、海螺—大象。

　　與四種型態的女人求歡，必須營造不同的情境：

　　對蓮花型的女人，營造一個寧靜的氣氛：在柔軟的床墊上舖上白布；旁邊擺幾瓶香水，安置幾束鮮花。

　　對圖畫型的女人，營造一個美麗的氣氛：在富彈性的床上舖上鮮豔多彩的布，安置許多的圖畫，旁邊放一些食物像是蜂蜜等等。

　　海螺型的女人，營造一個豪華的氣氛：床上舖上鹿皮，光滑柔軟的感覺，周圍擺著大大小小的墊子，旁邊擺些可愛的樂器。

　　大象型的女人，營造一個能量的氣氛：安置一個硬的床墊，並在床邊放些薄的墊子，周遭暗暗的。旁邊放些催情的食物，像是魚肉之類的。

年齡
　　更敦群培將女人依照生命的階段分成四類。前三類分別是少女、年輕女子和成熟女人：

女性在十二歲或年輕一點稱作少女。應該給她梳子、蜂蜜、酥餅等等，告訴她一些接吻的愉悅故事。

從十三歲到二十五歲稱她是年輕女子。她應該被吻和捏擠，結識男人，她將體驗快樂。

從二十六歲到五十歲，她是成熟女人。她應該聽一些像是咬或是揉捏的情慾故事，她也應該得到情慾的快感。

一個女人過了五十歲，應該得到像是「和藹的」、「可敬的」之類字眼的尊敬。不論是短程還是長程的問題，應該聽她的忠告。

因為男性成熟期稍晚，他認為男女的適婚年齡也不同：

男性在十六歲時進入青春期，在二十四歲的時候發育完成。女性在十三歲時進入青春期，十六歲時發育完成。因此，男性在二十四歲、女性在十六至十八歲時適合從事性事。他們在那個年齡應該成家。

因為男女性成熟的年齡有別，過早的性行為對男女都有不同的影響——早衰的男人與過熟的女人。更敦群培辯護地解釋，身為一個男人，他並非說奉承話來滿足年輕女人的慾望：

如果一個人等了很久超過這些年齡還沒成家，據說會有很多病產生。如果男人過早從事性行為，會喪失能量並且老得快。然而，如果女人過早從事性行為，據說會阻礙成長。這不是我編造的，我只是解釋那些已經經過老年男女的經驗所證實的。

易受激發

根據是否容易或是很難被激起性慾，他將女人分成兩種類型，前者稱爲「困難」型，後者稱爲「滴漏」型：

以不同的性愛藝術導向陶醉之路，困難型和滴漏型的女人都應該隨著她們的願望進行大樂之道。不容易改變身心狀態撩起情慾者，我們稱作困難型的女人；很快就改變矜持並產生女性分泌物者，我們稱作滴漏型的女人。

從更敦群培早先提到的姿勢中，他挑出困難型和滴漏型的例子：

女方把兩隻腿擺在一起，並用力伸直。男方趴在上方像一隻青蛙。他用力推送陰莖像一隻神祕的短劍。這稱作非常強力的「呼拉舞」式，它尤其適用於困難型的女人。

以及：

有時以手抓住陰莖的根部並移入陰道內部。它就像是藥石一般立即驅散情慾的折磨。尤其適用於滴漏型的女人。

面部標記

一份列了男女間在臉上、頸上、肩上十九個不同的痣，以預測她們的未來。作者認爲並不可信，放在第一章最後。

其他的身體特徵

在第十七章，是根據女人陰道的位置作分類。以高位型的女人

來說，較適合從前方交合；以低位型的女人來說，較適合從後方交合。還有其他的特徵，將女人依照陰道的特質分為水型的、泥型的、和土型的。其他的身體特徵適用於不同程度的性慾。作者似乎蒐集自印度的資料，但對它們沒有特別的興趣。

初經的月份

在第三章，根據陰曆，女人初經的月份可以預測她未來的財富、地位、德行、勇氣、教育、健康、子女的命運和智慧等等。

每月的日期

更敦群培重述印度的理論，身內的體液隨著月亮的週期而流動，在陰曆不同的日子，透過刺激性感帶可以強化性慾望。這個觀念是在柯科卡《性快樂的祕密》第二章中發現的，而不是在《愛經》。在陰曆的某些特殊日子裡，性興奮的中心——從頭頂到腳底，會變得更為活躍，因此更易於受刺激：

因為體液在身體內各處日夜流動，據說，那些部位在特定時間被吻到或是碰觸等等，情慾會增強。陰曆的十六日從黎明到午夜，體液精髓停留在頭頂。同樣的，第十七天它停留在耳部，第十八天停留在鼻子。從第十九天一直到月底，它逐日地移動，從嘴巴、臉頰、肩膀、胸部、腹部、肚臍、腰部、陰部、大腿、膝蓋、小腿、到腳的上半部。同樣，在每月的第一天，它移動到小腿，第二天到膝蓋，第三天到大腿，逐日移動直到第十五日它遍及整個身體。

月經的日子

更敦群培敍述印度有關月經期間某些特殊日子適合或是禁止性

行為的習俗。如前所述，在月經後的奇數天交歡會懷女嬰，而在偶數天則會懷男嬰，此可以參見第十七章。更敦群培敘述一個普遍性的生產理論：

> 許多學者說到，大多數的水果都有它成熟的適時期。月經停止後的第八天起，子宮口是開的，此時交合一定會懷孕。經過八天以後可能懷孕，但大多數女人的子宮口此時是關閉的。

更敦群培警告男人，滿足伴侶的性需求是他們的責任：

> 一個女人在懷孕後二或三個月，性渴求非常強烈，據說在生產過後也很強烈，因為體內淨化儀式已經完成，她已無須擔憂生病，而且月經也走了。如果此時男人在身旁而不與他的妻子做愛，死後將墮入怖畏地獄，因為他放棄了一個做好男人的最佳示範。

地點

在第五章，更敦群培傳達了一個觀念，就他聽聞到印度不同地區女人的習慣，述說許多不同的性表現方式。大部分是根據《愛經》，描述重點以對她們最具刺激的性藝術為中心：她們有多熱情，她們的身體特徵，她們有多大方、虛矯、壓抑，以及她們多重伴侶的傾向等等。

在第四章，他談到有些女人的陰蒂大到足以和另一個女人做愛，他也談到天生的性別錯亂者：

> 一些大陰蒂的女人有兩種性徵，可以隨時變換性別。另有很多女人，在體型上做一點改造，就變成一個男人。同樣的，一般都熟

知，有些男人陰莖大幅縮回體內，變成一個女人。

　關於西方的女人，他說：

　大體上西方的女人是美麗的、卓越的，比其他人種更有勇氣。
她的舉止粗率，臉孔像男人，甚至嘴邊還長有髭鬚。她無所畏懼，
只能以激情馴服她。在做愛時會吸吮男人的陰莖，眾所皆知，西方
女子也會吞嚥精液。她甚至和狗、牛以及其他的動物性交，甚至連
父親兒子也不忌諱。她毫不遲疑的和男人走，只要能給她性快樂。

　這是一九三〇年代印度對西方女人的一般認知，至少部分是來
自於進口的色情書刊。

　這七個主題——女性的平等、六十四種情愛藝術、肉體歡愉與
心靈內觀、互相扶持的愛之倫理、增強女性的性快感、懷孕、分類
綱要——在更敦群培的《西藏慾經》中穿插交織著。這本書比印度
最流行的三本情色書刊更為刺激且易於閱讀，這三本書分別是三世
紀華茲雅雅那的《愛經》、九或十世紀柯科卡的《性快樂的祕密》以
及十六世紀卡雅納瑪拉的《慾望之神》。
　《愛經》是印度後來所有色情文學的根本源頭，它也是更敦群
培《西藏慾經》的主要資料來源。他的論述，如同許多華茲雅雅那
之後的印度經典，將焦點放在性交的八種形式——擁抱、接吻、捏
與抓、咬、來回移動與抽送、春情之聲、角色轉換、交歡的方式，
這些可以在《愛經》第二章中找到。《愛經》中的其他六個部分的許
多主題就沒有被引用，像是：獲得適婚女子、理想妻子的權利和義
務、婚外性行為、妓女的技巧、春藥魅力等等。在某一個觀念上，

更敦群培的書兼顧到性愛藝術的可讀性，在建議如何避開禁忌等問題上碰觸到癢處，這些論點擴展了他個人的資源。

在其他的主題中，更敦群培敍述的分類綱要很明顯是源自印度的典籍，儘管不完全和上述三本書雷同。有關懷孕的忠告似乎是印度和西藏典籍的融合。在增強女性性愉悅的技巧這部分，即使是根據印度的資料，在更敦群培的作品中卻得到全新的突破，不同於印度的先驅只著重於獲得和掌控女人，他著重在增強女人性經驗的品質。因此，我發現在有關女性平等的論述上，他卓有貢獻。

再者，不同於印度的典籍，更敦群培把印藏密續有關空樂不二的觀點編入，與世俗的性愛藝術交織，把性愛的狂喜當作入靈性道路之門。由於他對世俗與心靈相互爲用的信念，使得宗教的重點並沒有將性愛藝術的素材轉爲與空性母或勇父交合的隱喩上──這將會否定了身體的性愛。再者，普通的性愛被視爲發展特殊內觀的基礎。在他敍述情色藝術的背後，滲入了對淨光根本心如晴空般的體驗，向讀者招手，要讀者親自去體嚐。

參考書目

Note: 'P', standing for 'Peking edition', refers to the *Tibetan Tripiṭaka* (Tokyo-kyoto: Tibetan Tripiṭaka Research Foundation, 1956).

1. SŪTRA

Sūtra of Teaching to Nanda on Entry to the Womb
tshe dang ldan pa dga' bo mngal du 'jug pa bstan pa āyuṣmannandagarbhāvakrāntinirdeśa
p760.13, vol. 23

2. OTHER WORKS

Agrawala, P. K. *The Unknown Kamasutras.* Varanasi: Books Asia, 1983.

Bhattacharya, Narendra Nath. *History of Indian Erotic Literature.* Munshiram Manoharlal Publishers Pvt. Ltd. (n.d.).

Burton, Sir Richard. *The Perfumed Garden.* Edited and introduced by Charles Fowkes. Rochester, Vermont: Park Street Press, 1989.

Cabezón, José Ignacio. *Buddhism, Sexuality, and Gender.* Albany: State University of New York Press, 1992.

Devarāja, *Ratiratnapradipikā.* Ed. with English translation by K. Rangaswami Iyengar. Mysore: 1923.

Dhondup, K. "Gedun Chophel: the Man Behind the Legend". *Tibetan Review*, vol. xiii no. 10, October, 1978, 10-18.

Donden, Dr. Yeshi *Health Through Balance*. Ithaca: Snow Lion Publications, 1986.

Dorje, Rinjing. *Tales of Uncle Tompa, The Legendary Rascal of Tibet*. San Rafael, California: Dorje Ling, 1975.

Đre-tong Tup-đen-chö-dar (*Bkras mthong thub bstan chos dar*). *dge 'dun chos 'phel gyi lo rgyus*. Dharamsala: Library of Tibetan Works & Archives, 1980.

Choephel, Gedun. *The White Annals*, translated by Samten Norboo. Dharamsala: Library of Tibetan Works and Archives, 1978.

Chöpel, Gedün (*dge 'dun chos 'phel*). *dbu ma'i zab gdad snying por dril ba'i legs bshad klu sgrub dgongs rgyan* (*Good Explanation Distilling the Profound Essentials of the Middle: Ornament for the Thought of Nāgārjuna*). Kalimpong: Mani Printing Works, 1951; also: bod ljongs bod yig dpe rnying dpe skrun khang, 1990.

Chöpel, Gedün (*dge 'dun chos 'phel*). *'dod pa'i bstan bcos*. Delhi: T. G. Dhongthog Rinpoche, 1967; also an edited edition, Delhi: T. G. Dhongthog Rinpoche, 1969; reprinted without preface, Dharamsala: Tibetan Cultural Printing Press, 1983.

Das, Sarat Chandra. *A Tibetan-English Dictionary*. Calcutta, 1902.

Dzay-m̄ay L̄o-sang-b̄el-den (*dze me blo bzang dpal ldan*). *'jam dpal dgyes pa'i gtam gyi rgol gnan phye mar 'thags pa'i reg chod ral gri'i khrul 'khor*. Delhi: 1972.

Đzong-ka-b̄a (*tsong kha pa*). *rten 'brel bstod pa/sangs rgyas bcom ldan 'das la zab mo rten cing 'brel bar 'byung ba gsung ba'i sgo nas bstod pa legs par bshad pa'i snying po* (*Praise of Dependent-Arising/Praise of the Supramundane Victor Budd-*

ha from the Approach of His Teaching the Profound Dependent-Arising, The Essence of the Good Explanations). P6016, vol. 153. English translations: Geshe Wangyal, *The Door of Liberation*, 117-25. New York: Lotsawa, 1978; Robert Thurman, *Life and Teachings of Tsong Khapa*, 99-107. Dharamsala: Library of Tibetan Works and Archives, 1982.

Goldstein, Melvyn C. *A History of Modern Tibet, 1913-1951; The Demise of the Lamaist State*. Berkeley: University of California Press, 1989.

Hopkins, Jeffrey. *Meditation on Emptiness*. London: Wisdom Publications, 1983.

Hopkins, Jeffrey. "Tantric Buddhism, Degeneration or Enhancement: the View of a Tibetan Tradition", *Buddhist-Christian Studies*, Vol. 10, 1990.

Jyotirīshvara, *Pañcasāyaka*. Ed. S. Shastri Ghiladia. Lahore: 1921.

Kalyāṇamalla, *Anaṅgaranga*.

English translations

Burton, Sir Richard and Arbuthnot, F. F. *The Ananga Ranga of the Hindu Art of Love of Kalyana Malla*. London: 1885; New York: G. P. Putnam's Sons, 1964.

Ray, T. L. *Ananga-Ranga*. Calcutta: Medical Book Agency, 1960.

Sanskrit editions

Bhandāri, Visnu-prasāda. *Kalyāṇa-malla: Anaṅga-Ranga*. Kashi Sanskrit Series No. 9. Benares: 1923.

R. Shastri Kusala. *Anaṅgaranga*. Lahore: 1890.

Karmay, Heather (alias Heather Stoddard). "dGe-'dun Chos-' phel, the artist" in *Tibetan Studies in Honour of Hugh Richar-*

dson, ed. Michael Aris and Aung San Suu Kyi. Warminster, Wiltshire: Aris and Phillips Ltd., 1980.

Kokkoka, *Ratirahasya*.

English translations

Comfort, Alex. *The Koka Shastra, Being the Ratirahasya of Kokkoka, and Other Medieval Indian Writings on Love*. London: George Allen and Unwin, 1964.

Upadhyaya, S. C. *Kokashastra (Rati Rahasya) of Pandit Kokkoka*. Bombay: Taraporevala, 1965.

German translation

Leinhard, S. *Kokkoka-Ratirahasya*. Stuttgart: Franz Decker, 1960.

Sanskrit edition

S. S. Ghildiyāl. *Ratirahasya* (with Kāñcinātha's commentary). Lahore: Bombay Sanskrit Press, 1923.

Kṣemendra. *Kalāvilāsa*

Sanskrit edition

Kāvyamāla. 1888

German translation

Schmidt, Richard. Leipzig: 1914.

La-chung-a-po (*bla chung a pho*). *dge 'dun chos 'phel*. In Biographical Dictionary of Tibet and Tibetan Buddhism, compiled by Khetsun Sangpo, vol. 5, 634-657. Dharamsala: Library of Tibetan Works and Archives, 1973.

Lati Rinbochay and Jeffrey Hopkins. *Death, Intermediate State, and Rebirth in Tibetan Buddhism*. London: Rider, 1979; Ithaca: Snow Lion Publications, 1980.

Lodrö, Gedün. *Walking Through Walls: A Presentation of Tibetan Meditation*. Trans. and ed. by Jeffrey Hopkins. Coedited by Anne C. Klein and Leah Zahler. Ithaca: Snow Lion Publications, 1992.

Lo-sang-chö-ḡyi-gyel-tsen, First Paṇ-chen Lama (*blo bzang chos kyi rgyal mtshan*). *rgyud thams cad kyi rgyal po bcom ldan 'das dpal dus kyi 'khor lo'i rtsa ba'i rgyud las phyung ba bsdus pa'i rgyud kyi rgyas 'grel dri ma med pa'i od kyi rgya cher bshad pa de kho na nyid snang bar byed pa'i snying po bsdus pa yid bzhin gyi nor bu* (*Wish-Granting Jewel, Essence of (Kay-drup's) "Illumination of the Principles: Extensive Explanation of (Kulika Puṇḍarīka's) 'Extensive Commentary on the Condensed Kālachakra Tantra, Derived from the Root Tantra of hhe Supramundane Victor, the Glorious Kālachakra, the King of All Tantras: the Stainless Light'"*). Collected Works of Blo-bzaṅ-chos-kyi-rgyal-mtshan, the First Pan-chen Bla-ma of Bkra-śis-lhun-po, vol. 3. New Delhi: Gurudeva, 1973.

Mi-pam-gya-tso (*mi pham rgya mtsho/mi pham 'jam dbyangs rnam rgyal*). *'dod pa'i bstan bcos 'jig rten kun tu dga' ba'i gter* (*Treatise on Passion: Treasure Pleasing All the World*). Delhi: T. G. Dhongthog Rinpoche, 1969; reprinted without preface, Dharamsala: Tibetan Cultural Printing Press, 1983.

Nāgārjuna and the Seventh Dalai Lama. *The Precious Garland and the Song of the Four Mindfulnesses*. New York: Harper and Row, 1975; rpt. in *The Buddhism of Tibet*. London: George Allen and Unwin, 1983, and Ithaca: Snow Lion Publications, 1987.

Nāgārjuna, Siddha. *Ratiśāstra*.
English translation
Ghose, A. C. *Ratiśāstra*. Calcutta: Seal, 1904.
Sanskrit edition

Richard Schmidt. "Das Ratiśāstra des Nāgārjuna" in *Wiener Zeitschrift fur die Kunde des Morgenlandes*, XXIII, 1909, pp. 180-183.

Roerich, George N. *The Blue Annals*. Delhi: Motilal Banarsidass, rpt. 1979.

Ruegg, D. Seyfort. "A Tibetan Odyssey: A Review Article". *Journal of the Royal Asiatic Society, no. 2, 1989. pp.304-311.*Shay-rap-gya-tso (*shes rab rgya mtsho*). *klu sgrub dgongs rgyan la che long du brtags pa mi 'jigs sengge'i nga ro*. Collected Works, vol. 3, 1-246. Ch'inghai: mtsho sngon mi rigs dpe skrun khang, 1984.

Sopa, Geshe Lhundup, and Hopkins, Jeffrey. *Practice and Theory of Tibetan Buddhism*. London: Rider and Co., 1976; second edition: *Cutting Through Appearances: The Practice and Theory of Tibetan Buddhism*. Ithaca: Snow Lion, 1990.

Stoddard, Heather. *Le mendiant de L'Amdo*. Recherches sur la Haute Asie 9. Paris: Société d'Ethnograpie, 1985.

Surūpa/or Abhirūpapāda (Tib. *gzugs bzang zhabs*). *'dod pa'i bstan bcos*. p3323, vol. 157, 31.5.2-33.1.1.

Thomas, P. *Kāma Kalpa or The Hindu Ritual of Love*. Bombay: D. B. Taraporevala, 1960, rpt. 1981.

Thurman, Robert, ed. *The Life & Teachings of Tsong Khapa*. Dharamsala: Library of Tibetan Works and Archives, 1982.

Tsong-ka-pa, Kensur Lekden, and Jeffrey Hopkins. *Compassion in Tibetan Buddhism*. London: Rider and Company, 1980; rpt. Ithaca: Snow Lion, 1980.

Vasubandhu. *Abhidharmakośakārikā*.

Sanskrit edition

P. Pradhan, ed. *Abhidharmakośabhāṣyam of Vasubandhu*.

Patna: Jayaswal Research Institute, 1975.

Tibetan edition

chos mngon pa'i mdzod kyi tshig le'ur byas pa. p5590, vol. 115.

French translation

Louis de la Vallée Poussin. *L'Abhidharmakośe de Vasubandhu.*
6 vols. Bruxelles: Institut Belge des Hautes Études Chinoises,
1971.

English translation from the French

Pruden, Leo M. *Abhidharmakośabhāṣyam.* 4 vols. Freemont,
CA.: Asian Humanities Press, 1988-89.

Vātsyāyana, Mallanāga. *Kāmasūtra.*

English translations

Bandhu, Acharya Vipin Chandra. *Vātsyāyana's Kāmasūtra*
(an ancient Indian Classic); *The Hindu Art of Love with*
Oriental Illustrations. Foreword by B. P. L. Bedi. Delhi: Uni-
versal Publications, 1973.

Burton, Sir Richard and Arbuthnot, F. F. *The Kama Sutra of*
Vatsyayana. Ed. with preface by W. G. Archer. Intro. by K.
M. Panikkar. London: George Allen and Unwin, 1963; New
York: The Berkeley Publishing Group, 1966.

Burton, Sir Richard, *The Kama Sutra of Vatsyayana.* Fore-
word by John W. Spellman. Intro. by Santha Rama Rau. New
York: Penguin/Arkana, 1991.

MacRae, David. *The Kāma Sūtra: Erotic figures in Indian Art.*
Presented by Marc de Smedt. New York: Crescent Books, n.d.

Rangaswami Iyengar, K. *The Kāma Sūtra of Vātsyāyana.* La-
hore: Punjab Sanskrit Book Dept, 1921.

Sinha, Indra. *The Love Teachings of Kama Sutra: With*
extracts From Koka Shastra, Anangra Ranga and other

famous Indian works on love. London: Hamlyn, 1980; rpt. 1988.

Upadhyaya, S. C. *Kama Sutra of Vatsyayana.* Foreword by Moti Chandra. Bombay: Taraporevala, 1961; rpt. 1990.

German translation

Schmidt, Richard. *Das Kāmasṭram des Vātsyāyana, die Indische Ars Amatroia nebst dem Vollständigen Kommentare (Jayamaṅgalā) des Yaśodhara.* Berlin: Hermann Barsdorf Verlag, 1920.

French translation

Liseux, Isidore, *Les Kama sutra de Vatsyayana.* Paris: I. Liseux et ses amis, 1885.

Virabhadra. *Kandarpacuḍāmaṇi.* Ed. by R. Sastri Kusala. Lahore: 1926.

White, David. *Myths of the Dog-Man.* Chicago: University of Chicago Press, 1991.

Yön-den-gya-tso (*yon tan rgya mtsho*). *gdong lan lung rig thog mda'.* Paris: 1977.

Yuthok, Dorje Yudon. *House of the Turquoise Roof.* Ithaca: Snow Lion Publications, 1990.

國家圖書館出版品預行編目資料

西藏慾經／更敦群培（Gedün Chöpel）原著；
傑佛瑞‧霍普金斯（Jeffrey Hopkins）編著；
宇妥‧多杰玉珍（Dorje Yudon Yuthok）英譯；
陳琴富中譯——台北市：大辣，2003〔民92〕
面； 公分——（dala sex；1）
譯自：Tibetan arts of love
ISBN 957-28449-0-3（平裝）

1. 性知識 2.藏傳佛教

491.1   92000343

請沿虛線撕下後對折裝訂寄回，謝謝！

not only passion
大辣

編號：sex001　書名：西藏慾經

not only passion
大辣

謝謝您購買這本書！

如果您願意，請您詳細填寫本卡各欄，寄回大辣出版（免附回郵）即可不定期收到大辣的最新出版資訊及優惠專案。

姓名：＿＿＿＿＿＿　身分證字號：＿＿＿＿＿＿＿　性別：□男　□女

出生日期：＿＿＿年＿＿＿月＿＿＿日　聯絡電話：＿＿＿＿＿＿＿＿＿

住址：＿＿＿＿＿＿＿＿＿＿＿＿＿＿＿＿＿＿＿＿＿＿＿＿＿＿＿＿

E-mail：＿＿＿＿＿＿＿＿＿＿＿＿＿＿＿＿＿＿＿＿＿＿＿＿＿＿

學歷：1.□高中及高中以下　2.□專科與大學　3.□研究所以上

職業：1.□學生　2.□資訊業　3.□工　4.□商　5.□服務業　6.□軍警公教
　　　7.□自由業及專業　8.□其他＿＿＿＿＿＿＿＿＿＿＿＿＿＿＿

您所購買的書名：＿＿＿＿＿＿＿＿＿＿＿＿＿＿＿＿＿＿＿＿＿＿

您從何處得知本書：1.□書店 2.□網路 3.□大辣電子報 4.□報紙廣告 5.□雜誌
　　　　　　　　　6.□新聞報導 7.□他人推薦 8.□廣播節目 9.□其他

您以何種方式購書：1.逛書店購書 □連鎖書店　□一般書店　2.□網路購書
　　　　　　　　　3.□郵局劃撥　4.□其他＿＿＿＿＿＿＿＿＿＿＿＿＿

閱讀嗜好：

漫畫類：1.□文學 2.□歷史傳記 3.□社會人文　4.□音樂藝術 5.□幽默搞笑
　　　　6.□科幻冒險 7.□其他＿＿＿＿＿＿＿＿＿＿＿＿＿＿＿＿＿

性愛類：1.□哲學心理 2.□醫學保健 3.□指南　4.□言情小說 5.□成人漫畫
　　　　6.□其他＿＿＿＿＿＿＿＿＿＿＿＿＿＿＿＿＿＿＿＿＿＿＿

對我們的建議：＿＿＿＿＿＿＿＿＿＿＿＿＿＿＿＿＿＿＿＿＿＿＿＿
＿＿＿＿＿＿＿＿＿＿＿＿＿＿＿＿＿＿＿＿＿＿＿＿＿＿＿＿＿＿＿
＿＿＿＿＿＿＿＿＿＿＿＿＿＿＿＿＿＿＿＿＿＿＿＿＿＿＿＿＿＿＿
＿＿＿＿＿＿＿＿＿＿＿＿＿＿＿＿＿＿＿＿＿＿＿＿＿＿＿＿＿＿＿

not only passion

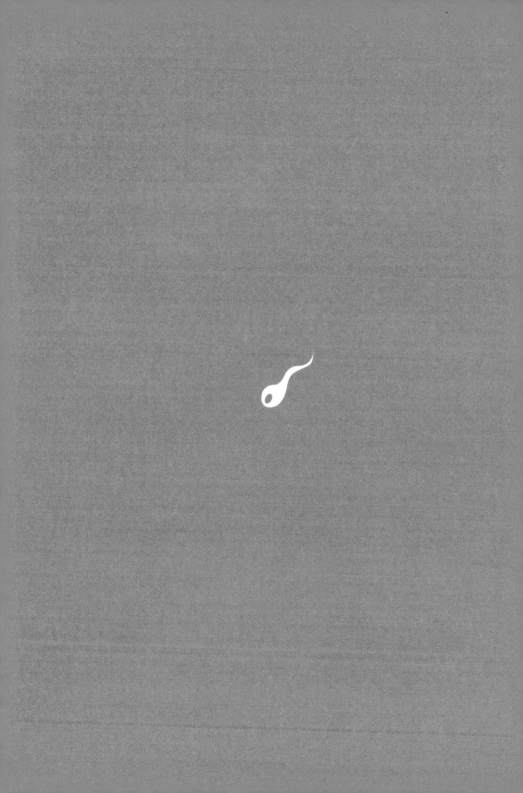

not only passion

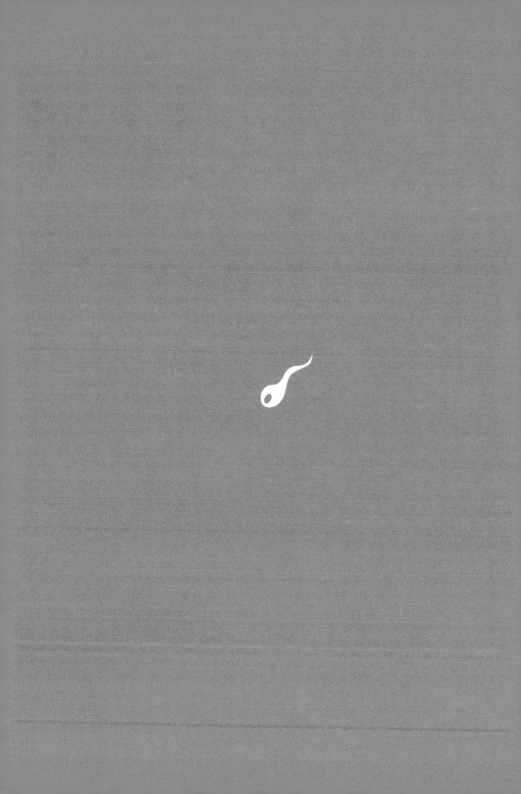